大数据开发工程师系列

Java 面向对象编程

主　编　肖　睿　李志勇

副主编　李　攀　叶建森　龚　芝

中国水利水电出版社

www.waterpub.com.cn

·北京·

内 容 提 要

自 1995 年诞生至今的 Java 语言，一直以其简明严谨的结构、简洁的语法编写、对网络应用和多媒体存取的支持、强大的稳健性及安全性而雄踞世界流行编程语言排行榜首，引发世界各地越来越多的程序开发人员加入到 Java 的阵营中。现在的 Java 技术更是被广泛应用到安卓应用、服务器程序、网站、大数据技术及人工智能等领域。学习 Java，掌握其基础语法是必备的，本书从变量、数据类型、运算符、流程控制、数组等基础语法带你入门，渐渐掌握 Java 最精髓的面向对象思想，包括封装、继承、多态、接口等内容。这是一个由浅入深的过程，也是一个收获满满的学习过程。

为保证最优学习效果，本书紧密结合实际应用，配备大量的案例说明和练习实践，提炼含金量十足的开发经验。本书使用 Java 及面向对象思想进行控制台程序开发，并配以完善的学习资源和支持服务，包括视频教程、案例素材下载、学习交流社区、讨论组等终身学习内容，为开发者带来全方位的学习体验，更多技术支持请访问课工场官网：www.kgc.cn。

图书在版编目（ＣＩＰ）数据

Java面向对象编程 ／ 肖睿，李志勇主编. -- 北京：
中国水利水电出版社，2017.7（2018.12 重印）
　　（大数据开发工程师系列）
　　ISBN 978-7-5170-5573-0

Ⅰ. ①J… Ⅱ. ①肖… ②李… Ⅲ. ①JAVA语言－程序
设计 Ⅳ. ①TP312.8

中国版本图书馆CIP数据核字(2017)第147205号

策划编辑：祝智敏　责任编辑：李 炎　加工编辑：于杰琼　封面设计：梁 燕

书　　名	大数据开发工程师系列 Java面向对象编程 Java MIANXIANG DUIXIANG BIANCHENG
作　　者	主编 肖睿 李志勇 副主编 李攀 叶建森 龚芝
出版发行	中国水利水电出版社 （北京市海淀区玉渊潭南路 1 号 D 座 100038） 网　址：www.waterpub.com.cn E-mail：mchannel@263.net（万水） 　　　　sales@waterpub.com.cn 电　话：（010）68367658（营销中心）、82562819（万水）
经　　售	全国各地新华书店和相关出版物销售网点
排　　版	北京万水电子信息有限公司
印　　刷	三河市铭浩彩色印装有限公司
规　　格	184mm×260mm　16 开本　11 印张　237 千字
版　　次	2017 年 7 月第 1 版　2018 年 12 月第 3 次印刷
印　　数	6001—9000 册
定　　价	35.00 元

丛书编委会

主　任：肖　睿

副主任：张德平

委　员：杨　欢　　　相洪波　　　谢伟民　　　潘贞玉

　　　　庞国广　　　董泰森

课工场：祁春鹏　　　祁　龙　　　滕传雨　　　尚永祯

　　　　刁志星　　　张雪妮　　　吴宇迪　　　吉志星

　　　　胡杨柳依　　苏胜利　　　李晓川　　　黄　斌

　　　　刁景涛　　　宗　娜　　　陈　璇　　　王博君

　　　　彭长州　　　李超阳　　　孙　敏　　　张　智

　　　　董文治　　　霍荣慧　　　刘景元　　　曹紫涵

　　　　张蒙蒙　　　赵梓彤　　　罗淦坤　　　殷慧通

前　　言

丛书设计：

准备好了吗？进入大数据时代！大数据已经并将继续影响人类的方方面面。2015年8月31日，经李克强总理批准，国务院正式下发《关于印发促进大数据发展行动纲要的通知》，这是从国家层面正式宣告大数据时代的到来！企业资本则以 BAT 互联网公司为首，不断进行大数据创新，从而实现大数据的商业价值。本丛书根据企业人才实际需求，参考历史学习难度曲线，选取"Java + 大数据"技术集作为学习路径，旨在为读者提供一站式实战型大数据开发学习指导，帮助读者踏上由开发入门到大数据实战的互联网 + 大数据开发之旅！

丛书特点：

1. 以企业需求为设计导向

满足企业对人才的技能需求是本丛书的核心设计原则，为此课工场大数据开发教研团队，通过对数百位 BAT 一线技术专家进行访谈、对上千家企业人力资源情况进行调研、对上万个企业招聘岗位进行需求分析，从而实现技术的准确定位，达到课程与企业需求的高契合度。

2. 以任务驱动为讲解方式

丛书中的技能点和知识点都由任务驱动，读者在学习知识时不仅可以知其然，而且可以知其所以然，帮助读者融会贯通、举一反三。

3. 以实战项目来提升技术

本丛书均设置项目实战环节，该环节综合运用书中的知识点，帮助读者提升项目开发能力。每个实战项目都设有相应的项目思路指导、重难点讲解、实现步骤总结和知识点梳理。

4. 以互联网 + 实现终身学习

本丛书可通过使用课工场 APP 进行二维码扫描来观看配套视频的理论讲解和案例操作，同时课工场（www.kgc.cn）开辟教材配套版块，提供案例代码及案例素材下载。此外，课工场还为读者提供了体系化的学习路径、丰富的在线学习资源和活跃的学习社区，方便读者随时学习。

读者对象：

1. 大中专院校的老师和学生
2. 编程爱好者

3．初中级程序开发人员

4．相关培训机构的老师和学员

读者服务：

为解决本丛书中存在的疑难问题，读者可以访问课工场官方网站（www.kgc.cn），也可以发送邮件到 ke@kgc.cn，我们的客服专员将竭诚为您服务。

致谢：

本丛书是由课工场大数据开发教研团队研发编写的，课工场（kgc.cn）是北京大学旗下专注于互联网人才培养的高端教育品牌。作为国内互联网人才教育生态系统的构建者，课工场依托北京大学优质的教育资源，重构职业教育生态体系，以学员为本、以企业为基，构建教学大咖、技术大咖、行业大咖三咖一体的教学矩阵，为学员提供高端、靠谱、炫酷的学习内容！

感谢您购买本丛书，希望本丛书能成为您大数据开发之旅的好伙伴！

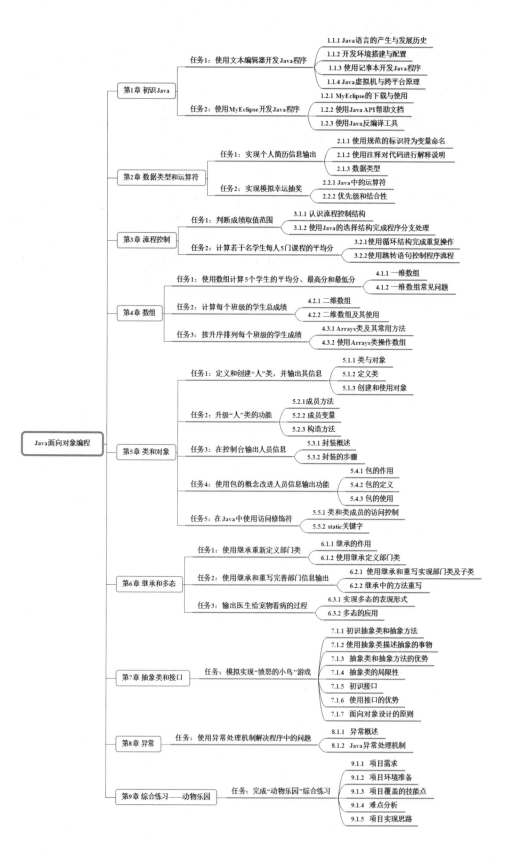

Java面向对象编程

第1章 初识Java
  任务1：使用文本编辑器开发Java程序
    1.1.1 Java语言的产生与发展历史
    1.1.2 开发环境搭建与配置
    1.1.3 使用记事本开发Java程序
    1.1.4 Java虚拟机与跨平台原理
  任务2：使用MyEclipse开发Java程序
    1.2.1 MyEclipse的下载与使用
    1.2.2 使用Java API帮助文档
    1.2.3 使用Java反编译工具

第2章 数据类型和运算符
  任务1：实现个人简历信息输出
    2.1.1 使用规范的标识符为变量命名
    2.1.2 使用注释对代码进行解释说明
    2.1.3 数据类型
  任务2：实现模拟幸运抽奖
    2.2.1 Java中的运算符
    2.2.2 优先级和结合性

第3章 流程控制
  任务1：判断成绩取值范围
    3.1.1 认识流程控制结构
    3.1.2 使用Java的选择结构完成程序分支处理
  任务2：计算若干名学生每人5门课程的平均分
    3.2.1 使用循环结构完成重复操作
    3.2.2 使用跳转语句控制程序流程

第4章 数组
  任务1：使用数组计算5个学生的平均分、最高分和最低分
    4.1.1 一维数组
    4.1.2 一维数组常见问题
  任务2：计算每个班级的学生总成绩
    4.2.1 二维数组
    4.2.2 二维数组及其使用
  任务3：按升序排列每个班级的学生成绩
    4.3.1 Arrays类及其常用方法
    4.3.2 使用Arrays类操作数组

第5章 类和对象
  任务1：定义和创建"人"类，并输出其信息
    5.1.1 类与对象
    5.1.2 定义类
    5.1.3 创建和使用对象
  任务2：升级"人"类的功能
    5.2.1 成员方法
    5.2.2 成员变量
    5.2.3 构造方法
  任务3：在控制台输出人员信息
    5.3.1 封装概述
    5.3.2 封装的步骤
  任务4：使用包的概念改进人员信息输出功能
    5.4.1 包的作用
    5.4.2 包的定义
    5.4.3 包的使用
  任务5：在Java中使用访问修饰符
    5.5.1 类和类成员的访问控制
    5.5.2 static关键字

第6章 继承和多态
  任务1：使用继承重新定义部门类
    6.1.1 继承的作用
    6.1.2 使用继承定义部门类
  任务2：使用继承和重写完善部门信息输出
    6.2.1 使用继承和重写实现部门类及子类
    6.2.2 继承中的方法重写
  任务3：输出医生给宠物看病的过程
    6.3.1 实现多态的表现形式
    6.3.2 多态的应用

第7章 抽象类和接口
  任务：模拟实现"愤怒的小鸟"游戏
    7.1.1 初识抽象类和抽象方法
    7.1.2 使用抽象类描述抽象的事物
    7.1.3 抽象类和抽象方法的优势
    7.1.4 抽象类的局限性
    7.1.5 初识接口
    7.1.6 使用接口的优势
    7.1.7 面向对象设计的原则

第8章 异常
  任务：使用异常处理机制解决程序中的问题
    8.1.1 异常概述
    8.1.2 Java异常处理机制

第9章 综合练习——动物乐园
  任务：完成"动物乐园"综合练习
    9.1.1 项目需求
    9.1.2 项目环境准备
    9.1.3 项目覆盖的技能点
    9.1.4 难点分析
    9.1.5 项目实现思路

目　　录

第1章

初识 Java

本章重点：

※ 安装 JDK 及配置环境变量
※ 使用记事本开发 Java 程序
※ 理解 Java 编译原理
※ 使用 MyEclipse 开发 Java 程序

本章目标：

※ 成功安装 Java 开发环境
※ 使用 MyEclipse 开发 Java 程序

本章任务

学习本章，需要完成以下 2 个工作任务。请记录学习过程中所遇到的问题，可以通过自己的努力或访问 kgc.cn 解决。

任务 1：使用文本编辑器开发 Java 程序

使用文本编辑器开发 Java 程序，输出个人信息，图 1.1 所示为本任务的输出结果。

图 1.1　使用文本编辑器开发 Java 程序

任务 2：使用 MyEclipse 开发 Java 程序

使用集成开发环境 MyEclipse 开发 Java 程序，图 1.2 所示为本任务的相关代码。

```java
1 package cn.kgc;
2
3 public class HelloJava {
4     public static void main(String[] args) {
5         System.out.println("课工场欢迎您: ");
6     }
7 }
8
```

图 1.2　使用 MyEclipse 开发 Java 程序

任务 1　使用文本编辑器开发 Java 程序

关键步骤如下：

➢　安装 JDK 及配置环境变量。

> ➤ 理解 Java 虚拟机及跨平台工作原理。
> ➤ 使用文本编辑器开发 Java 程序。
> ➤ 在命令行执行 Java 程序。

1.1.1　Java 语言的产生与发展历史

人类交流有自己的语言，同样，人与计算机对话就要使用计算机语言。计算机语言有很多种，它们都有自己的语法规则。

1995 年 5 月，Sun Microsystems 开发了一门新的编程语言——Java。开发 Java 语言的基本目标曾经是创建能嵌入消费类电子设备的软件，构建一种既可移植又可跨平台的语言。詹姆斯·高斯林（Java 之父）和一个由其他程序员组成的小组曾是这项开发工作的先锋。它最初被称为"Oak"，后来改名为"Java"。慢慢地，人们逐步意识到 Internet 应用具有类似的可移植性和跨平台性的问题，所以开始不断寻求能解决这些问题的语言。人们发现 Java 语言既小巧又安全，而且可以移植，也能够解决跨Internet 的语言问题，因此 Java 很快取得了巨大成功，并被全世界成千上万的程序员使用。Java 图标如图 1.3 所示。

图 1.3　Java 图标

1995 年 Java 语言诞生之后，迅速成为一种流行的编程语言。

1996 年 Sun 公司推出了 Java 开发工具包，也就是 JDK 1.0，提供了强大的类库支持。

1998 年推出了 JDK 1.2，它是 Java 里程碑式的版本。为了加以区别，Sun 公司将 Java 改名为 Java 2，即第二代 Java，并且将 Java 分成 Java SE、Java ME 和 Java EE这 3 个版本，全面进军桌面、嵌入式、企业级 3 个不同的开发领域，后又发布了 JDK1.4、JDK 1.5、JDK 6.0（1.6.0）、JDK 7.0（1.7.0）、JDK8 等版本。

1.1.2　开发环境搭建与配置

1. 下载并安装 JDK

Java 程序的编译、运行离不开 JDK 环境。JDK 全称是 Java Development Kit，是用于开发 Java 应用程序的开发包。它提供了编译、运行 Java 程序所需的各种工具和资源。

Oracle 的官方网站提供最新 JDK 安装文件的下载地址。本书推荐使用 JDK 7.0。

下载 JDK 后（以 JDK1.7.0_51 为例），双击 JDK 安装文件开始安装，在安装过程中保留默认设置，一直单击"下一步"按钮，最终完成安装。

安装完成后，在安装硬盘的"Program Files\Java\jdk1.7.0_51"目录下，会有以下文件与文件夹，如图 1.4 所示。

名称	修改日期	类型	大小
bin	2015/3/16 16:53	文件夹	
db	2015/3/16 16:53	文件夹	
include	2015/3/16 16:53	文件夹	
jre	2015/3/16 16:53	文件夹	
lib	2015/3/16 16:53	文件夹	
COPYRIGHT	2013/12/18 22:22	文件	4 KB
LICENSE	2015/3/16 16:53	文件	1 KB
README.html	2015/3/16 16:53	HTML 文档	1 KB
release	2015/3/16 16:53	文件	1 KB
src.zip	2013/12/18 22:22	WinRAR ZIP 压缩...	20,271 KB
THIRDPARTYLICENSEREADME.txt	2015/3/16 16:53	文本文档	173 KB
THIRDPARTYLICENSEREADME-JAVAF...	2015/3/16 16:53	文本文档	123 KB

图 1.4   JDK 目录结构

JDK 安装目录说明如下。

➢ bin 目录：存放编译、运行 Java 程序的可执行文件。

➢ lib 目录：存放 Java 的类库文件。

➢ jre 目录：存放 Java 运行环境文件。

2. JDK 环境变量设置

安装好 JDK 后，还需要配置系统环境变量。设置系统环境变量 Path 的值为 JDK 安装目录即可，最后在命令行窗口中输入 java -version 命令测试安装和配置是否正确，分别如图 1.5 和图 1.6 所示。

图 1.5   配置 Path 环境变量

图 1.6　测试 JDK 环境是否安装成功

1.1.3　使用记事本开发 Java 程序

开发 Java 程序的简单步骤如下：

（1）创建 Java 源程序。Java 源程序用 .java 作为扩展名，用 Java 语言编写，可以用任何文本编辑器创建与编辑。

（2）编译源程序生成字节码（Bytecode）文件。Java 编译器读取 Java 源程序并将其翻译成 Java 虚拟机（Java Virtual Machine，JVM）能够理解的指令集合，且以字节码的形式保存在文件中。字节码文件以 .class 作为扩展名。

（3）运行字节码文件。Java 解释器读取字节码，取出指令并翻译成计算机能执行的代码，完成运行过程。

1. 创建 Java 源程序

⮊ 示例 1

使用记事本编写 Java 程序，在命令行执行后输出个人信息。

实现步骤：

（1）打开记事本等文本编辑器。

（2）输入以下关键代码。

（3）将该文件以 Person.java 为名称保存。

关键代码：

```java
public class Person{
  public static void main(String[] args){
    System.out.println(" 姓名：小强 ");
    System.out.println(" 志向：软件开发高手！ ");
  }
}
```

代码分析：

➢ public class Person{} 是 Java 程序的主体框架，代码都写在这个框架内，其中，class 的含义是类，Person 是类名。整个类的所有代码都是在一对大括号中（即"{"和"}"之间）定义完成的，这标志着类定义块的开始和结束。

➢ main() 方法是 Java 程序执行的入口，对于程序中出现的 public、static、void、String[] args 等词的含义在后续章节中会详细讲解，此阶段只需记住书写格式，会写即可。

System.out.println() 是 Java 的输出语句。

2. 编译并运行

JDK 含有编译、调试和执行 Java 程序所需的软件和工具，它是一组命令行工具。可在命令行窗口编译并执行 Person.java 文件的具体操作，程序运行效果如图 1.1 所示。

javac 命令用于将 Java 源代码文件编译成字节码，在命令行窗口中执行 "javac Person.java" 命令，如果编译成功，会在 Person.java 文件同级目录下生成 Person.class 的字节码文件。

java 命令用于执行 Java 字节码文件，也就是执行程序。此处执行 Person 类，输出个人信息。

> **提示：**
>
> 在执行 javac 命令时，后面要跟源文件，扩展名为 .java；在执行 java 命令时，后面跟的是类，此时没有扩展名，这里是 Person 类。

1.1.4 Java 虚拟机与跨平台原理

Java 是一种被广泛使用的编程语言，它的主要特点在于它是一种既面向对象又可跨平台的语言。跨平台是指程序可以在多种平台（Microsoft Windows、Apple Macintosh 和 Linux 等）上运行，即 Write Once，Run Anywhere（编写一次，随处运行）。

Java 语言通过为每个计算机系统提供一个叫作 Java 虚拟机的环境来实现跨平台。Java 不但适用于单机应用程序和基于网络的程序，而且可用于创建消费类设备和附件程序，如移动电话、掌上导航系统等。

Java 虚拟机是可运行 Java 字节码的虚拟计算机系统。可以将 Java 虚拟机看成一个微型操作系统，在它上面可以执行 Java 的字节码程序。它附着在具体操作系统之上，本身具有一套虚拟机指令，但它通常在软件上而不是在硬件上实现。Java 虚拟机形成了一个抽象层，将底层硬件平台、操作系统与编译过的代码联系起来。Java 字节码具有通用的形式，Java 实现跨平台性只有通过 Java 虚拟机处理后才可以转换成具体计算机可执行的程序。Java 程序的执行过程如图 1.7 所示。

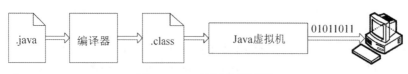

图 1.7　Java 程序执行过程

任务 2　使用 MyEclipse 开发 Java 程序

关键步骤如下：

➢　下载 MyEclipse 程序。

➢　使用 MyEclipse 开发 Java 程序。

1.2.1　MyEclipse 的下载与使用

使用记事本等工具开发 Java 程序效率低下，尤其在开发大型项目时，无法实现对项目的管理和维护。基于这种情况，很多组织开发了一些集成开发环境（Integrated Development Environment，IDE），可以很方便地实现 Java 程序开发和项目管理，让程序员从复杂、烦琐的代码管理、维护中解脱出来，专注于程序功能和业务逻辑的实现。MyEclipse 就是其中非常优秀、深受 Java 开发者喜爱的集成开发环境。MyEclipse 集成了编辑、编译、解释、运行、调试等功能，并且提供了图形化界面。

使用 MyEclipse 开发 Java 程序主要有如下 3 个步骤：

（1）在 MyEclipse 下创建 Java 项目。

（2）使用 MyEclipse 创建并编辑 Java 源文件。

（3）在 MyEclipse 下运行 Java 程序。

⊃ 示例 2

在 MyEclipse 中开发 Java 程序。

实现步骤：

（1）在 MyEclipse 中执行"File → New → Java Project"命令，新建 Java 项目，自定义项目名称。

（2）在项目中，右击"src"目录，执行"New → Class"命令，创建 Java 类。

（3）在弹出的"New Java Class"对话框中，在"Package"文本框中输入包名"cn.kgc"，在"Name"文本框中输入类名"HelloJava"，并勾选"public static void main"复选框，如图 1.8 所示。

（4）单击"Finish"按钮，就会创建一个包名为"cn.kgc"，类名为"HelloJava"，并自动生成 main() 方法的 Java 程序，如图 1.9 所示。

（5）在 main() 方法中输入以下代码。

关键代码：

```java
public class HelloJava{
  public static void main(String[] args){
      System.out.println(" 课工场欢迎您！ ");
  }
}
```

图 1.8　使用向导创建 Java 类

图 1.9　MyEclipse 生成的 Java 类

（6）执行程序。右击该程序，执行"Run As → Java Application"命令，则会在控制台输出如下结果：

课工场欢迎您！

1.2.2　使用 Java API 帮助文档

在开发过程中如果遇到疑难问题，除了可以在网络中寻找答案，也可以在 Java API 帮助文档（以下简称"JDK 文档"）中查找答案。JDK 文档是 Oracle 公司提供的一整套文档资料，其中包括 Java 各种技术的详细资料，以及 JDK 中提供的各种类的帮助说明。它是 Java 开发人员必备的、权威的参考资料，就好比字典一样。在开发过程中要养成查阅 JDK 文档的习惯，到 JDK 文档中去寻找答案，寻找解决方案。

JDK 文档如图 1.10 所示。

图 1.10　JDK 文档

1.2.3　使用 Java 反编译工具

Java 程序发布后，只提供 .class 文件而没有 .java 文件。若想对某个 Java 程序进行学习、研究，可以通过反编译工具将字节码文件转换为对应的 .java 源文件。

将源文件（.java）转换成字节码文件（.class）的过程称为编译，将字节码文件（.class）转换回源文件（.java）的过程称为反编译。常用的反编译工具有 jd、FrontEnd Plus 等。

下面讲解 jd-gui-0.3.4 的使用方法。

下载该软件后解压，双击"jd-gui.exe"图标运行程序。执行"File → Open File"命令，在弹出的"Open File"对话框中选择要反编译的字节码文件（本例为 Person.class），如图 1.11 所示。

图 1.11　选择字节码文件

单击"打开"按钮后，在该软件中将会出现反编译后的源代码 Person.java，如图 1.12 所示。

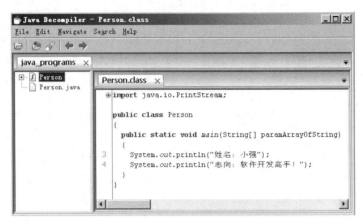

图 1.12　反编译字节码文件为源代码文件

提示：

jd-gui 反编译工具只能作为初学者学习之用，在使用该工具时，请遵守国家知识产权保护的相关法律法规。

 本章总结

本章介绍了以下知识点：

➤ Java 是一个具有跨平台特性的高级程序开发语言，是目前世界上拥有开发人员较多的程序语言。Java 有三大版本：Java SE、Java ME 和 Java EE，它们分别是 Java 标准版、Java 微缩版和 Java 企业版。

➤ Java 开发需要正确地安装 JDK 并配置 JDK 环境，编写的 Java 源程序要经过编译器编译为 .class 的字节码文件，才能在 Java 虚拟机上运行，这些工作都离不开 JDK 环境。

➤ 可以使用记事本开发简单的 Java 程序并在命令行执行，但效率低下。MyEclipse 是当前较主流、功能强大且深受开发人员喜爱的集成开发环境，正确使用 MyEclipse 可以方便、高效地开发、管理、调试项目。

➤ 在学习和工作中，JDK 文档是 Java 程序员的必备工具，遇到问题要能在帮助文档中寻找答案，Java 反编译工具也是初学者学习的辅助工具，可以将产生的字节码文件还原为 .java 源代码文件。

本章练习

1．请写出 Java 程序执行过程与编译原理。

2．在记事本中编写 Plan.java 程序，输出你本周的学习计划。输出结果如图 1.13 所示。

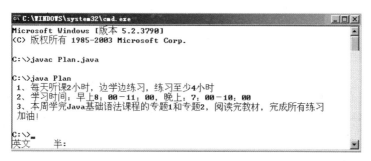

图 1.13　学习计划

3．在 MyEclipse 中编写项目 schedule，输出你本周的课程表。输出结果如图 1.14 所示。

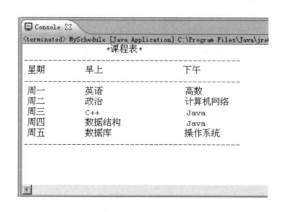

图 1.14　课程表

随手笔记

第2章

数据类型和运算符

本章重点

※ 标识符和关键字
※ 数据类型和运算符

本章目标

※ 数据类型转换

本章任务

学习本章，需要完成以下 2 个工作任务。请记录学习过程中所遇到的问题，可以通过自己的努力或访问 kgc.cn 解决。

任务 1：实现个人简历信息输出

在控制台中输出一个同学的个人简历信息，图 2.1 所示为本任务的输出结果。

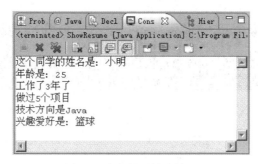

图 2.1　个人简历信息输出

任务 2：实现模拟幸运抽奖

输入 4 位会员卡号，判断是否中奖，并输出中奖结果，图 2.2 所示为本任务的输出结果。

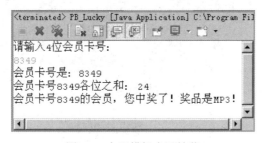

图 2.2　实现模拟幸运抽奖

任务 1　实现个人简历信息输出

关键步骤如下：

➢　将个人信息保存在变量中。

➢　使用输出语句输出变量中的内容。

2.1.1 使用规范的标识符为变量命名

在 Java 中，标识符用来为程序中的常量、变量、方法、类、接口和包命名。

1. 标识符的命名规则

Java 中的标识符有以下 4 个命名规则。

➤ 标识符由字母、数字、下划线（_）或美元符号（$）组成。

➤ 标识符的首字母以字母、下划线或美元符号开头，不能以数字开头。

➤ 标识符的命名不能与关键字、布尔值（true、false）和 null 相同。

➤ 标识符区分大小写，没有长度限制，坚持见名知义的原则。

⊃ 示例 1

请从以下标识符中找出错误的标识符：

$name、_name、1name、name1、name、name$、null、Name、@beijing

分析：

根据标识符命名规则，1name 是错误的，标识符不能以数字开头；null 是错误的，标识符不能是关键字；@beijing 是错误的，标识符只能由字母、数字、下划线或美元符号组成，并且标识符只能以字母、下划线或美元符号开头。

2. 关键字

关键字是 Java 语言保留的，为其定义了固定含义的特殊标识符。

> 📢 注意：
>
> 关键字全部为小写字母，程序员不能将关键字定义为标识符，否则会出现编译错误。

Java 定义的常用 48 个关键字如表 2-1 所示。

表 2-1　Java 中常用的关键字

abstract	class	final	int	public	this
assert	continue	finally	interface	return	throw
boolean	default	float	long	short	throws
break	do	for	native	static	transient
byte	double	if	new	strictfp	try
case	else	implements	package	super	void
catch	enum	import	private	switch	volatile
char	extends	instanceof	protected	synchronized	while

扩充阅读

见名知义原则与驼峰命名法

此部分内容是对平台内容的补充。

见名知义原则是指在使用标识符命名时，要使用能反映被定义者的含义或作用的字符。这样，其他人在阅读代码时通过名称就可以对程序有所理解。

例如，定义姓名时使用 name，定义年龄时使用 age，在定义学生姓名时使用 studentName，在定义老师年龄时使用 teacherAge，一看便能知道其代表的含义，是推荐的用法。如果定义为 a、A1、s 等名称，虽然没有错，但是对于理解程序没有任何意义，应该避免使用。

驼峰命名法就是当使用标识符命名时，如果由一个或多个单词连接在一起，第一个单词以小写字母开始，第二个单词及后续每一个单词的首字母都采用大写字母，这样的变量名看上去就像驼峰一样此起彼伏，故因此得名，如 fileUtil、fileName、dataManager、studentInfo。

驼峰命名法的命名规则可视为一种惯例，并不绝对强制，为的是增强程序的可读性。

2.1.2 使用注释对代码进行解释说明

注释是程序开发人员和程序阅读者之间交流的重要手段，是对代码的解释和说明。好的注释可以提高软件的可读性，减少软件的维护成本。

在 Java 中，提供了 3 种类型的注释：单行注释、多行注释和文档注释。

1. 单行注释

单行注释指的是只能书写在一行的注释，是最简单的注释类型，用于对代码进行简单的说明。当只有一行内容需要注释时，一般使用单行注释。在 MyEclipse 中默认按 Ctrl+/ 快捷键，可以自动产生单行注释。

单行注释的语法格式如下：

```
// 单行注释
```

单行注释以 "//" 开头。"//" 后面的内容都被认为是注释。

➲ 示例 2

```
// 年龄
// 姓名
// 工作时间
// 技术方向
// 爱好
// 做过的项目个数
```

注意：

①单行注释不会被编译。

②"//"不能放到被解释代码的前面，否则这行代码会被注释掉。

2. 多行注释

多行注释一般用于说明比较复杂的内容,如复杂的程序逻辑和算法的实现原理等。当有多行内容需要被注释时，一般使用多行注释。

在 MyEclipse 中，选中代码块并按 Ctrl+Shift+/ 快捷键可以生成多行注释；输入 "/*" 并按 Enter 键将会自动补全多行注释符。

多行注释的语法格式如下：

```
/*
* 个人简历信息输出
*/
```

➢   多行注释以 "/*" 开头，以 "*/" 结尾。

➢   "/*" 和 "*/" 之间的内容都被认为是注释。

● 示例 3

请使用多行注释。

关键代码：

```
/*
* ShowResume.java
* 2016 年 12 月 12 日
* 个人简历信息输出
*/
public class ShowResume {
  public static void main(String[] args){
    //……此处实现代码省略
  }
}
```

提示：

①注释简单来说就是一种说明，不被当成语句执行，既可以增强代码的可读性，又可以为自己理清思路。

②单行注释添加方便，随处可以添加，只能作用于一行代码。

③当有多行代码需要注释时，如 1000 行代码需要注释，仍然可以采用在 1000 行代码前面添加 "//" 进行 1000 个单行注释。但是操作起来比较复杂，且不是很美观。于是，可以采用以 "/*" 开始，以 "*/" 结尾的多行注释，只需要简单的操作就可以对这 1000 行代码进行注释。

④有时，需要注释的代码行数不多时，可以将其合并为一行，并使用单行注释。但是，当这些行代码中包含不同的含义时，建议使用多行注释，保持各行代码间的不同含义。

3. 文档注释

如果想为程序生成像官方 API 帮助文档一样的文件，可以在编写代码时使用文档注释。使用 JDK 提供的 javadoc 命令，将代码中的文档注释提取出来，可自动生成一份 HTML 格式的 API 帮助文档，其风格与官方 API 帮助文档完全一样，省去了枯燥、烦琐的手动编写帮助文档的工作。

在 MyEclipse 中，输入"/**"，然后按 Enter 键，MyEclipse 会自动显示文档注释格式。文档注释的语法格式如下：

/**
* 文档注释
*/

➤ 文档注释以"/**"开头，以"*/"结尾。

➤ 每个注释包含一些描述性的文本及若干个文档注释标签。

➤ 文档注释标签一般以"@"为前缀，常用的文档注释标签如表 2-2 所示。

表 2-2 Java 中常用的文档注释标签

标签	含义	标签	含义
@author	作者名	@version	版本
@parameter	参数及其意义	@since	最早使用该方法、类、接口的 JDK 版本
@return	返回值	@throws	异常类及抛出条件

例如：
/**
* 课工场类
*@author kgc
*@version 2.0
*/

2.1.3 数据类型

1. 了解 Java 中的数据类型

Java 是强类型语言，在定义变量前需要声明数据类型。在 Java 中主要分为两种数据类型：基本数据类型和引用数据类型。

（1）基本数据类型

Java 中的 8 种基本数据类型如图 2.3 所示。

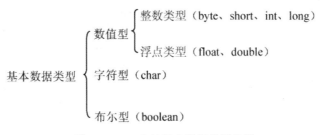

图 2.3　Java 中的基本数据类型分类

其中，int、double、char 等都是 Java 定义的关键字。Java 中的基本数据类型取值范围如表 2-3 所示。

表 2-3　Java 中的基本数据类型取值范围

基本类型	大小	示例	取值范围
boolean	1 字节 8 位	true	true、false
byte	1 字节 8 位有符号整数	-12	-128 ～ +127
short	2 字节 16 位有符号整数	100	-32768 ～ +32767
int	4 字节 32 位有符号整数	12	-2147483648 ～ +2147483647
long	8 字节 64 位有符号整数	10000	-2^{63} ～ $+2^{63}-1$
char	2 字节 16 位 Unicode 字符	'a'	0 ～ 65535
float	4 字节 32 位浮点数	3.4f	-3.4E38 ～ 3.4E38
double	8 字节 64 位浮点数	-2.4e3D	-1.7E308 ～ 1.7E308

注意：

① char 类型占 2 字节，采用 Unicode 码。

② byte 类型占 1 字节，是整数类型的一种。

③所有的数据类型长度固定，不会因为硬件、软件系统不同而发生变化。

④ String 类型不是基本数据类型，而是引用数据类型，它是 Java 提供的一个类。

（2）引用数据类型

Java 中的引用数据类型主要包含类、接口和数组等。

2. 常量

前面认识了 Java 中的标识符及数据类型，下面介绍 Java 中的常量。Java 中的常量指在程序运行中值不能改变的量，举例说明如表 2-4 所示。

表 2-4　Java 中的常量

名称	举例	说明
整型 常量	789 // 十进制整型常量	超过 int 类型取值范围的，必须在整数后面加大写的英文字母"L"或小写的英文字母"1"，才能作为 long 类型处理。由于小写"1"容易和数字"1"混淆，一般选用大写字母"L"
浮点型 常量	3.4f //float(32bit) -45.9F //float(32bit) -2.4e3D //double(64bit) 3.4 // double(64bit)	Java 的浮点型常量默认是 double，float 需要在数字后面加大写的"F"或小写的"f"
布尔 常量	true // 真 false // 假	布尔常量只能为 true 和 false
字符 常量	'A'、'8'、'a' // 普通字符常量 '\n' // 转义字符常量：表示换行 '\t' // 转义字符常量：表示按 Tab 键 '\b' // 转义字符常量：表示按 Backspace 键 '\\' // 特殊字符常量：表示反斜杠 '\'' // 特殊字符常量：表示单引号 '\"' // 特殊字符常量：表示双引号	字符常量占用 2 字节内存空间； 转义字符常量都是不可显示字符； 表示单引号、双引号、反斜杠时，再加一个"\"即可
字符串 常量	" 课工场 "、"A"	要注意字符和字符串的区别，字符用单引号，字符串用双引号。例如，"A"和'A'是不一样的，前者是字符串，后者是字符
null 常量	null	null 常量只有 null 一个值，可以把 null 常量赋给任意类型的引用类型变量

符号
常量
	final double PI=3.14;
	double area=PI * r * r; // 计算面积
	double length=PI * r * 2; // 计算周长
		final 含义是指最终的、最后的，代表不能再变了。PI 的值在下面的运算中不能被修改，如果要改变 PI 的值，只能修改第一行定义中 PI 的值

3．变量

前面讲解了 Java 中的常量，与常量对应的就是变量。变量是在程序运行中其值可以改变的量，它是 Java 程序的一个基本存储单元。

变量的基本格式与常量有所不同。

变量的语法格式如下：

[访问修饰符] 变量类型　变量名 [= 初始值];

➤　　"变量类型"可从数据类型中选择。

➤　　"变量名"是定义的名称变量，要遵循标识符命名规则。

➤　　中括号中的内容为初始值，是可选项。

◯ 示例 4

使用变量存储数据，实现个人简历信息的输出。

分析：

（1）将常量赋给变量后即可使用。

（2）变量必须先定义后使用。

关键代码：

```
/*
 * ShowResume.java
 * 2016 年 12 月 12 日
 * 个人简历信息输出
 */ 造词
public class ShowResume {
    public static void main(String[] args) {
        int age = 25;                          // 年龄
        String name = " 小明 ";                 // 姓名
        int workTime = 3;                       // 工作时间
        String way = "Java";                    // 技术方向
        String favorite = " 篮球 ";             // 爱好
        String projectCount = "5";              // 做过的项目个数

        System.out.println(" 这个同学的姓名是： "+name);
        System.out.println(" 年龄是： "+age);
        System.out.println(" 工作了 "+workTime+" 年了 ");
        System.out.println(" 做过 "+projectCount+" 个项目 ");
        System.out.println(" 技术方向是 "+way);
        System.out.println(" 兴趣爱好是： "+favorite);
    }
}
```

输出结果如下所示：

这个同学的姓名是：小明

年龄是：25

工作了 3 年了

做过 5 个项目

技术方向是 Java

兴趣爱好是：篮球

4. 数据类型转换

不同的基本数据类型之间进行运算时需要进行类型转换。除布尔类型外，所有基本数据类型进行运算时都要考虑类型转换，主要应用在算术运算时和赋值运算时。

（1）算术运算时

存储位数越多，类型的级别越高。类型转换图如图 2.4 所示。

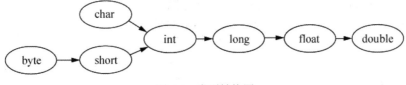

图 2.4　类型转换图

示例 5

```
5+6+7L+'A'
5+5.6*4+'A'
```

分析：

数字 5 和 6 是 int 类型，7L 是 long 类型，而 'A' 是 char 类型。首先两个 int 类型相加，结果还是 int 类型，然后 int 类型和 long 类型相加，自动转换为 long 类型，而 long 类型和 char 类型相加，结果依然是 long 类型。所以第一个表达式结果为 long 类型。同理，第二个表达式结果为 double 类型。不同类型的操作数，首先自动转换为表达式中最高级别的数据类型然后进行运算，运算的结果是最高级别的数据类型，简称低级别自动转换为高级别。

（2）赋值运算时

转换方式有自动类型转换和强制类型转换。

1）自动类型转换

将低级别的类型赋值给高级别类型时将进行自动类型转换。

示例 6

```
byte b=7;
int  i=b;                //b 自动转换成 int 型
```

分析：

byte 级别比 int 低，所以进行自动类型转换，其转换过程如图 2.5 所示。

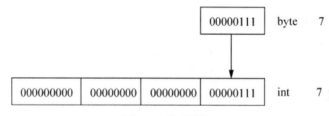

图 2.5　类型转换

2）强制类型转换

将高级别的类型赋值给低级别类型时，必须进行强制类型转换。在 Java 中，使用一对小括号进行强制类型转换。

示例 7

```
int num=786;
byte by=num;             // 错误
byte by =(byte)num;      // 正确，为强制类型转换
short sh=num;            // 错误
short sh =(short)num;    // 正确，为强制类型转换
```

分析：

byte 和 short 级别比 int 低，所以必须进行强制类型转换，"byte by =(byte)num;"语句的强制类型转换过程如图 2.6 所示。

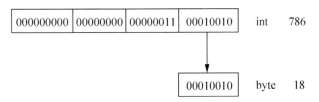

图 2.6　int 类型强制转换为 byte 类型

注意:

　　进行强制类型转换时，可能会丢失数据。int 类型强制转换为 byte 时，int 的低位第一字节中的数据 00000011 在强制类型转换中会丢失。

"short sh =(short)num;"语句的强制类型转换过程如图 2.7 所示。

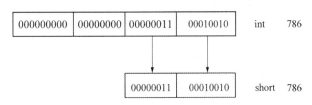

图 2.7　int 类型强制转换为 short 类型

　　当将 int 类型变量 num 赋值给 short 类型变量 sh 时，将直接取最后 2 字节的内容复制到 sh 的内存空间中，完成强制类型转换，此时并没有丢失数据。

提示:

　　不仅基本数据类型可以进行类型转换，存在继承关系的引用数据类型也可以进行自动类型转换和强制类型转换，这些内容将在类的继承和多态性章节讲解。

任务 2　实现模拟幸运抽奖

　　关键步骤如下:
- ➤ 获得键盘输入的会员卡号。
- ➤ 将会员卡号存储在变量中。
- ➤ 使用运算符分解会员卡号的各个位上的数字。
- ➤ 将分解后的数字相加判断是否中奖。

　　要实现任务 2 的幸运抽奖程序，首先要使用 Scanner 类的方法获得用户从键盘输入的数据。

　　Scanner 类是用于扫描输入文本的实用程序。如果使用 Scanner 类，必须使用

import 语句导入 Scanner 类，即指定 Scanner 类的位置，它位于 java.util 包中。

使用 Scanner 类可以接收用户键盘输入的字符，这是完成任务 2 的第一个关键步骤，实现步骤如下。

（1）导入 Scanner 类。

import java.util.*;

（2）创建 Scanner 对象。

Scanner input=new Scanner(System.in);

（3）获得键盘输入的数据。

表 2-5 中列出了 Scanner 类的常用方法，通过这些方法可以接收用户在键盘输入的字符串、整型数值等。

表 2-5　Scanner 的常用方法

方法	说明
String next( )	获得一个字符串
int nextInt( )	获得一个整型数值
double nextDouble( )	获得一个双精度类型数值
boolean hasNext( )	判断是否有输入数据，如果有输入数据，则返回 true；否则，返回 false

⊃ 示例8

使用 Scanner 类获取键盘输入的会员卡号，并将该数据存储在变量中，同时输出这个变量的信息。这是完成任务 2 的第二个关键步骤。

分析：

（1）导入 Scanner 类。

（2）创建 Scanner 对象，获取键盘输入的数据。

（3）将数据存入变量，输出这个变量。

关键代码：

```
import java.util.Scanner;                        // 导入 Scanner 类
public class Lucky{
  public static void main(String[] args){
    int custNo;                                  // 客户会员号
    // 输入会员卡号
    System.out.println(" 请输入 4 位会员卡号：");
    Scanner input=new Scanner(System.in);        //System.in 代表系统输入，如键盘输入
    custNo=input.nextInt( );        //nextInt( ) 获取从键盘输入的一个整数，并赋值给 num 变量
    System.out.println(" 会员卡号是："+custNo);
  }
}
```

⬅ 注意：

关于 Scanner 类的更多内容，请查看 JDK 文档。

2.2.1　Java 中的运算符

运算符就是告诉程序执行特定的运算操作的符号。Java 中提供了 6 类运算符，分别是赋值运算符、算术运算符、关系运算符、逻辑运算符、位运算符和条件运算符。

1．赋值运算符

赋值运算符"="用于给变量指定变量值，并可以和算术运算符结合，组成复合赋值运算符。复合赋值运算符主要包括"+=""-=""*=""/=""%="。

● 示例 9

```
int i=5;
int j=15;
i=i+j;   // 可以替代为 i+=j;
```

分析：

推荐使用复合赋值运算符，将"i=i+j"换为"i+=j"，此写法便于程序编译处理，具有更好的性能。

2．算术运算符

算术运算符包括"+""-""*""/""%""++""--"，如表 2-6 所示。

表 2-6　算术运算符

运算符	含义	范例	结果
+	加法运算符	5+3	8
-	减法运算符	5-3	2
*	乘法运算符	5*3	15
/	除法运算符	5/3	1
%	取模（取余）运算符	5%3	2
++	自增运算符	i=2; j=i++;	i=3; j=2
--	自减运算符	i=2; j=i--;	i=1; j=2

注意：

①对于除法运算符，如果两个操作数均是整数，结果也是整数，会舍弃小数部分；如果两个操作数中有一个是浮点数，将进行自动类型转换，结果也是浮点数，保留小数部分。

②对于取模运算符，如果两个操作数均是整数，结果也是整数；如果两个操作数中有一个是浮点数，结果也是浮点数，保留小数部分。

③自增运算符有 i++、++i 两种使用方式，它们的相同点是都相当于 i=i+1；不同点是 i++ 是先进行表达式运算再加 1，而 ++i 是先加 1 再进行表达式运算。

➲ 示例 10

完成任务 2，需要使用 "/" 和 "%" 运算符分解获得会员卡各个位上的数字，得到分解后的数字之和。

分析：

这是完成任务 2 的第三个关键步骤。

实现步骤：

（1）4 位会员卡号和 10 求余可得个位数。

（2）4 位会员卡号除以 10 再和 10 求余可得十位数。

（3）4 位会员卡号除以 100 再和 10 求余可得百位数。

（4）4 位会员卡号除以 1000 可得千位数。

（5）计算各位之和。

关键代码：

```java
import java.util.Scanner;                              // 导入 Scanner 类
public class Lucky{
  public static void main(String[] args){
    int custNo;                                        // 客户会员号
    // 输入会员卡号
    System.out.println(" 请输入 4 位会员卡号：");
    Scanner input=new Scanner(System.in);              //System.in 代表键盘
    custNo=input.nextInt( );        //nextInt( ) 获取从键盘输入的一个整数，并赋值给 num 变量
    System.out.println(" 会员卡号是： " + custNo);
    // 利用 "/" 和 "%" 运算符获得每位数字
    int gewei=custNo % 10;                             // 分解获得个位数
    int shiwei=custNo / 10 % 10;                       // 分解获得十位数
    int baiwei=custNo / 100 % 10;                      // 分解获得百位数
    int qianwei=custNo / 1000;                         // 分解获得千位数
    System.out.println(" 千位数： " + qianwei+"，百位数： " + baiwei+"，十位数： "
              + shiwei+"，个位数： " + gewei);
    // 利用 "+" 运算符计算各位数字之和
    int sum=gewei + shiwei + baiwei + qianwei;
    System.out.println(" 会员卡号 " + custNo + " 各位之和： " + sum);
  }
}
```

3. 关系运算符

关系运算符有时又称比较运算符，用于比较两个变量或常量的大小，运算结果是布尔值 true 或 false。Java 中共有 6 个关系运算符，分别为 "==" "!=" ">" "<" ">=" "<="。关系运算符的说明如表 2-7 所示。

表 2-7 关系运算符

运算符	含义	范例	结果
==	等于	5==6	false

续表

运算符	含义	范例	结果
!=	不等于	5!=6	true
>	大于	5>6	false
<	小于	5<6	true
>=	大于等于	5>=6	false
<=	小于等于	5<=6	true

注意：

① "="为赋值运算符，"=="为等于运算符。

② ">" "<" ">=" "<="只支持数值类型的比较。

③ "==" "!="支持所有数据类型的比较，包括数值类型、布尔类型、引用类型。

④关系表达式运算的结果为布尔值。

⑤ ">" "<" ">=" "<="优先级别高于"==" "!="。

示例 11

完成任务 2，根据会员卡各个位上的数字之和，判断用户是否中奖。

分析：

使用关系运算符中的">"判断。这是完成任务 2 的第四个关键步骤。

关键代码：

```java
import java.util.Scanner;                        // 导入 Scanner 类
public class Lucky{
  public static void main(String[] args){
    int custNo;                                  // 客户会员号
    // 输入会员卡号
    System.out.println(" 请输入 4 位会员卡号： ");
    Scanner input=new Scanner(System.in);        //System.in 代表键盘
    custNo=input.nextInt( );//nextInt( ) 获取从键盘输入的一个整数，并赋值给 num 变量
    System.out.println(" 会员卡号是： " + custNo);
    // 利用 "/" 和 "%" 运算符获得每位数字
    int gewei=custNo % 10;                        // 分解获得个位数
    int shiwei=custNo / 10 % 10;                  // 分解获得十位数
    int baiwei=custNo / 100 % 10;                 // 分解获得百位数
    int qianwei=custNo / 1000;                    // 分解获得千位数
    System.out.println(" 千位数："+qianwei+"，百位数："+baiwei+"，十位数："+shiwei+"，
            个位数： "+gewei);
    // 利用 "+" 运算符计算数字之和
    int sum=gewei+shiwei + baiwei+qianwei;
```

```
System.out.println(" 会员卡号 "+custNo+" 各位之和 :"+sum);
// 判断是否中奖
if(sum > 20){
    System.out.println(" 会员卡号 "+custNo + " 的会员，您中奖了！奖品是 MP3 ！ ");
}else{
    System.out.println(" 会员卡号 "+custNo+" 的会员，您没有中奖 ");
    }
  }
}
```

> 💬 **提示：**
>
> if-else 类型语句称为选择结构，在后续课程中会讲解，这里只要简单了解即可。

4．逻辑运算符

逻辑运算符用于对两个布尔型操作数进行运算，其结果还是布尔值。逻辑运算符如表 2-8 所示。

表 2-8　逻辑运算符

运算符	含义	运算规则
&	逻辑与	两个操作数都是 true，结果才为 true；不论左边取值，右边的表达式都会进行运算
|	逻辑或	两个操作数一个是 true，结果为 true；不论左边取值，右边的表达式都会进行运算
^	逻辑异或	两个操作数相同，结果为 false；两个操作数不同，结果为 true
!	逻辑反（逻辑非）	操作数为 true，结果为 false；操作数为 false，结果为 true
&&	短路与	运算规则同 "&"，不同在于如果左边为 false，右边的表达式不会进行运算
||	短路或	运算规则同 "|"，不同在于如果运算符左边的值为 true，右边的表达式不会进行运算

> 🐾 **注意：**
>
> ①操作数类型只能是布尔类型，操作结果也是布尔值。
>
> ②优先级别： "！" ＞ "&" ＞ "^" ＞ "｜" ＞ "&&" ＞ "||"。
>
> ③ "&" 和 "&&" 的区别：当 "&&" 的左侧为 false 时，将不会计算其右侧的表达式，即左 false 则 false；无论任何情况， "&" 两侧的表达式都会参与计算。
>
> ④ "｜" 和 "||" 的区别与 "&" 和 "&&" 的区别类似。

5. 位运算符

位运算符及运算规则如表 2-9 所示。

表 2-9 位运算符

运算符	含义	运算规则
&	按位与	两个操作数都是 1,结果才为 1
|	按位或	两个操作数一个是 1,结果为 1
^	按位异或	两个操作数相同,结果为 0;两个操作数不同,结果为 1
~	按位非 / 取反	操作数为 1,结果为 0;操作数为 0,结果为 1
<<	左移	右侧空位补 0
>>	右移	左侧空位补最高位,即符号位
>>>	无符号右移	左侧空位补 0

➲ 示例 12

计算 5&6 的结果。

实现步骤:

(1)把 5、6 分别转变为二进制数(应该为 32 位二进制数,这里只显示最后 8 位)。

(2)根据按位与运算符的运算规则,两个操作数都是 1,结果才为 1(全 1 得 1)。

(3)最终结果为 00000100,转变为十进制数就是 4。

实现过程如图 2.8 所示。

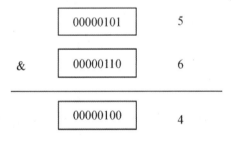

图 2.8 计算 5&6 的结果

➲ 示例 13

计算 5|6 的结果。

实现步骤:

(1)把 5、6 分别转变为二进制数(应该为 32 位二进制数,这里只显示最后 8 位)。

(2)根据按位或运算符的运算规则,两个操作数只要有一个是 1,结果就是 1(有 1 得 1)。

(3)最终结果为 00000111,转变为十进制数就是 7。

实现过程如图 2.9 所示。

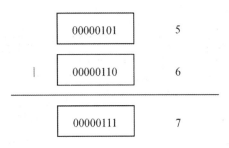

图 2.9 计算 5|6 的结果

> 示例 14

计算 6<<2 的结果。

实现步骤：

（1）把 6 转变为 32 位二进制数。

（2）让所有二进制位向左移动两位，最高两位溢出，空出的低位一律补 0。

（3）最终结果转变为十进制数就是 24。

实现过程如图 2.10 所示。

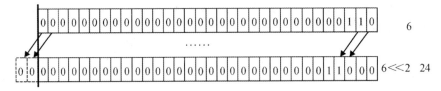

图 2.10 计算 6<<2 的结果

> 提示：

　　①一个整数每向左移动 1 位，其值扩大两倍，前提是移出位数不包含有效数字。在示例 14 中表现为移出位中没有 1，且最高位为 0。

　　②a=a * 4 和 a=a<<2 的作用和结果是相同的，但是使用位运算符执行效率更高。

> 示例 15

计算 12>>2、12>>3 的结果。

实现步骤：

（1）把 12 转变为 32 位二进制数。

（2）让所有二进制位向右移动两位，最低两位溢出，空出的高位一律补充和最高位相同的数字，此处补 0（12>>3 同理，按 3 位移动）。

（3）最终结果转变为十进制数就是 3（12>>3 为 1）。

实现过程如图 2.11 所示。

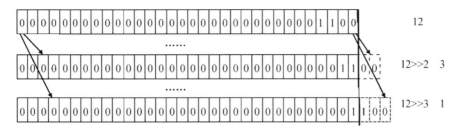

图 2.11　计算 12>>2、12>>3 的结果

> **提示：**
>
> ①一个整数每向右移动 1 位，其值缩小 1/2，前提是溢出位中不包含有效数字。
>
> ②位运算符对操作数以二进制位为单位进行运算。
>
> ③位运算符的操作数是整型数，包括 int、short、long、byte 和 char。
>
> ④位运算符的运算结果也是整型数，包括 int、long。
>
> ⑤如果操作数是 char、byte、short，位运算前其值会自动晋升为 int，运算结果也为 int。

6. 条件运算符

条件运算符是 Java 中唯一的需要 3 个操作数的运算符，所以又称三目运算符或三元运算符。

条件运算符的语法格式如下：

条件 ？ 表达式 1：表达式 2

➤　首先对条件进行判断，如果结果为 true，则返回表达式 1 的值。

➤　如果结果为 false，返回表达式 2 的值。

> **提示：**
>
> 条件表达式实现的功能和后面要讲解的 if-else 选择结构类似，可以转变为 if-else 语句。

⊃ 示例 16

```
int min;
min=5<7?5:7;
System.out.println(min);
min=10<7?10:7;
```

System.out.println(min);

分析：

（1）在表达式"min=5<7?5:7;"中，首先判断 5<7 的值，结果为 true，则取表达式 1 的值 5 赋给变量 min，所以 min 的值是 5。

（2）在表达式"min=10<7?10:7;"中，首先判断 10<7 的值，结果为 false，则取表达式 2 的值 7 赋给变量 min，所以 min 的值是 7。

2.2.2 优先级和结合性

Java 中的各种运算符都有自己的优先级和结合性。所谓优先级就是在表达式运算中的运算顺序。优先级越高，在表达式中运算顺序越靠前。

结合性可以理解为运算的方向，大多数运算符的结合性都是从左向右，即从左向右依次进行运算。

各种运算符的优先级如表 2-10 所示，优先级别从上而下逐级降低。

表 2-10　运算符的优先级

优先级	运算符	结合性
1	()、[]、.	从左向右
2	!、～、++、--	从右向左
3	*、/、%	从左向右
4	+、-	从左向右
5	<<、>>、>>>	从左向右
6	<、<=、>、>=、instanceof	从左向右
7	==、!=	从左向右
8	&	从左向右
9	^	从左向右
10	|	从左向右
11	&&	从左向右
12	||	从左向右
13	?:	从右向左
14	=、+=、-=、*=、/=、%=、&=、|=、^=、～=、<<=、>>=、>>>=	从右向左

> **提示：**
>
> ①优先级别最低的是赋值运算符，其次是条件运算符。
>
> ②单目运算符包括"!""~""++""--"，优先级别高。
>
> ③可以通过"( )"控制表达式的运算顺序，"( )"优先级最高。
>
> ④总体而言，优先顺序为算术运算符＞关系运算符＞逻辑运算符。
>
> ⑤结合性为从右向左的只有赋值运算符、三目运算符和单目运算符（一个操作数）。

本章总结

本章介绍了以下知识点：

- Java 中的标识符和使用标识符时需要遵循的规则。
- Java 中的注释分为单行注释、多行注释和文档注释，同时明确了几种注释的使用场合和使用方法。
- Java 中丰富的数据类型及 7 种类型的常量。
- Java 中与常量对应的变量的作用和使用方法。
- Java 中数据类型之间的转换，主要包含自动类型转换和强制类型转换。
- Java 中六大类运算符，分别是赋值运算符、算术运算符、关系运算符、逻辑运算符、位运算符和条件运算符。

本章练习

1. 商场为员工提供了基本工资、物价津贴及房租津贴。其中，物价津贴为基本工资的 40%，房租津贴为基本工资的 25%。要求：从控制台输入基本工资，并计算输出实领工资，输出结果如图 2.12 所示。

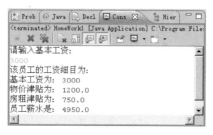

图 2.12　实领工资输出

2. 小明左右手分别拿两张纸牌：黑桃 10 和红心 8，现在交换手中的牌。编写一个程序模拟这一过程：两个整数分别保存在两个变量中，将这两个变量的值互换，并输出互换后的结果，输出结果如图 2.13 所示。

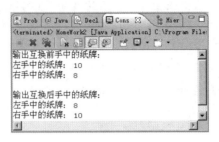

图 2.13　实现牌的交换

3．银行提供了整存整取定期储蓄业务，其存期分为一年、两年、三年、五年，到期凭存单支取本息。年利率如表 2-11 所示。

表 2-11　年利率

存期	年利率
一年	2.25%
两年	2.7%
三年	3.24%
五年	3.6%

编写一个程序，输入存入的本金数目，计算假设存一年、两年、三年或五年，到期取款时，银行应支付的本息分别是多少，输出结果如图 2.14 所示。

图 2.14　实现本息输出

第3章

流程控制

▶ 本章重点

- ※ 选择结构
- ※ 循环结构

▶ 本章目标

- ※ 多分支 if 语句
- ※ 多重循环语句

本章任务

学习本章，需要完成以下 2 个工作任务。请记录学习过程中所遇到的问题，可以通过自己的努力或访问 kgc.cn 解决。

任务 1：判断成绩取值范围

在控制台获得成绩，使用流程控制结构判断成绩的取值范围。图 3.1 所示为本任务的输出结果。

图 3.1　使用流程控制结构判断成绩取值范围

任务 2：计算若干名学生每人 5 门课程的平均分

该任务是通过程序实现计算若干名学生每人 5 门课程的平均分。图 3.2 所示为本任务的输出结果。

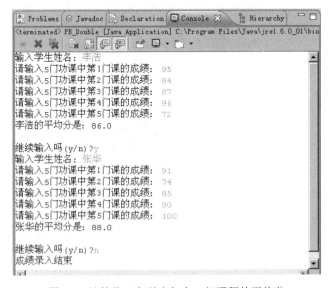

图 3.2　计算若干名学生每人 5 门课程的平均分

任务 1　判断成绩取值范围

关键步骤如下：

➢　从控制台获得数据。

➢　将数据保存在变量中。

➢　使用流程控制结构判断取值范围。

3.1.1　认识流程控制结构

在 Java 中有 3 种流程控制结构：顺序结构、选择结构、循环结构，如图 3.3 所示。

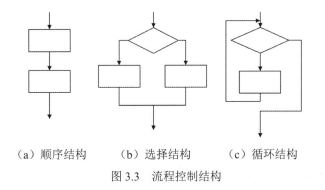

　（a）顺序结构　　（b）选择结构　　（c）循环结构

图 3.3　流程控制结构

➢　顺序结构。顺序结构是指程序从上向下依次执行每条语句的结构，中间没有任何的判断和跳转，前面课程中使用的示例都采用顺序结构。

➢　选择结构。选择结构是根据条件判断的结果来选择执行不同的代码。选择结构可以细分为单分支结构、双分支结构和多分支结构。在 Java 中提供了 if 控制语句、switch 语句来实现选择结构。

➢　循环结构。循环结构是根据判断条件来重复性地执行某段代码。在 Java 中提供了 while 语句、do-while 语句、for 语句来实现循环结构。JDK 5.0 中新提供了增强 for 循环，可以以更简单的方式来遍历数组和集合。

理论上已经证明，由这 3 种基本结构组成的算法可以解决任何复杂的问题。

3.1.2　使用 Java 的选择结构完成程序分支处理

Java 中提供了 if 控制语句和 switch 语句来实现选择结构。

1．if 控制语句

if 控制语句共有 3 种不同的形式，分别是单分支结构、双分支结构和多分支结构。

（1）使用 if 语句实现单分支处理

if 语句的语法格式如下：

if(表达式) {

   语句

}

➢   if 是 Java 关键字。

➢   表达式是布尔类型的表达式，其结果为 true 或 false。

if 语句的流程图如图 3.4 所示。

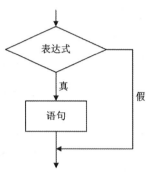

图 3.4 if 语句的流程图

if 语句的执行步骤：

1）对表达式的结果进行判断。

2）如果表达式的结果为真，则执行语句。

3）如果表达式的结果为假，则跳过该语句。

> **注意：**
>
> if 语句由条件表达式和紧随其后的语句组成。如果 if 条件表达式后面有多个语句，千万不要忘记：在多个语句的前后添加一对花括号，即：
>
> if(表达式) {
>
>   语句 1
>
>   语句 2
>
>   ……
>
>   }
>
> 一般情况下，项目开发规范中都会有此要求。这样的程序具有更高的可读性。

⊃ **示例 1**

请实现如果成绩大于等于 60 分，则输出"成绩及格。通过考试。"。

分析：

从示例 1 的需求描述可以看出，条件是"成绩大于等于 60 分"，对应的 Java if 语句就是：

if(成绩 >=60){……}

实现步骤：

1）为保存成绩的变量 score 赋值。

2）使用 if 语句判断成绩是否大于等于 60。如果成绩大于等于 60，则输出信息 "成绩及格。通过考试。"。

关键代码：

```java
public static void main(String[] args) {
    int score = 70;
    if(score >= 60){
        System.out.println(" 成绩及格。 ");
        System.out.println(" 通过考试。 ");
    }
}
```

输出结果如下所示：

成绩及格。

通过考试。

（2）使用 if-else 语句实现双分支处理

if-else 语句的语法格式如下：

```java
if( 表达式 ){
    语句 1
}else {
    语句 2
}
```

当表达式为真时，执行语句 1；表达式为假时，执行 else 分支的语句 2。

if-else 语句的流程图如图 3.5 所示。

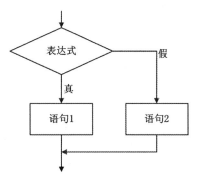

图 3.5　if-else 语句的流程图

if-else 语句的执行步骤：

1）对表达式的结果进行判断。

2）如果表达式的结果为 true，则执行语句 1。

3）如果表达式的结果为 false，则执行语句 2。

> **注意：**
>
> ① if-else 语句由 if 和紧随其后的 else 组成。
>
> ② else 子句不能单独使用，它必须是 if 语句的一部分，与最近的 if 语句配对使用。

● 示例 2

请实现如果成绩大于等于 60 分，则输出"成绩及格。"；否则输出"成绩不及格。"。

分析：

示例 2 的条件是"成绩大于等于 60 分"。由考试成绩是否满足大于等于 60 的条件来确定控制台中输出的信息。

实现步骤：

1）为保存成绩的变量赋值。

2）使用 if-else 语句判断成绩是否大于等于 60，根据判断结果输出相关信息。

关键代码：

```java
public static void main(String[] args) {
    int score = 50;
    if(score >= 60) {      // 判断 score 值是否大于等于 60
        System.out.println(" 成绩及格。");
    } else {
        System.out.println(" 成绩不及格。");
    }
}
```

输出结果如下所示：

成绩不及格。

（3）使用多分支 if 语句实现多分支处理

当有多个条件判断时，需要使用多分支 if 语句解决。

多分支 if 语句的语法格式如下：

```java
if( 表达式 1) {
    语句 1
} else  if( 表达式 2) {
    语句 2
}else {
    语句 3
}
```

其中 else if 语句可以有多个。

多分支 if 语句的流程图如图 3.6 所示。

多分支 if 语句的执行步骤：

1）对表达式 1 的结果进行判断。

2）如果表达式 1 的结果为 true，则执行语句 1；否则判断表达式 2 的值。

3）如果表达式 2 的结果为 true，则执行语句 2；否则执行语句 3。

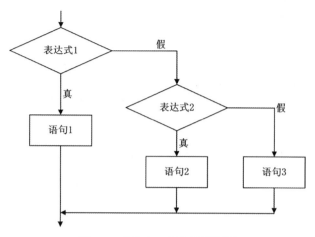

图 3.6　多分支 if 语句的流程图

提示：

　　不论多分支 if 语句中有多少个条件表达式，只会执行符合条件的一个。如果没有符合条件的，则执行 else 子句中的语句。

→ 示例 3

　　如果成绩大于等于 90 分且小于等于 100 分，输出"A 级"，否则如果大于等于 80 分，输出"B 级"，否则如果大于等于 70 分，输出"C 级"，否则如果大于等于 60 分，输出"D 级"，低于 60 分输出"E 级"。

　　分析：

　　示例 3 的条件分为 5 个等级，即：成绩大于等于 90 分且小于等于 100 分、大于等于 80 分、大于等于 70 分、大于等于 60 分和低于 60 分。用成绩值从前向后与这 5 个条件进行逐一判断，如果条件不成立就执行其后的 else 子句，直到满足条件为止。

　　实现步骤：

　　1）为保存成绩的变量赋值。

　　2）使用多分支 if 语句判断成绩值。

➢　　如果成绩大于等于 90 且小于等于 100，则输出信息"A 级"。

➢　　如果大于等于 80 分，输出"B 级"。

➢　　如果大于等于 70 分，输出"C 级"。

➢　　如果大于等于 60 分，输出"D 级"。

➢　　如果低于 60 分，输出"E 级"。

　　关键代码：

```
public static void main(String[] args) {
```

```java
int score = 85;
if(score >= 90 && score <= 100) {    // 判断 score 值是否大于等于 90 且小于等于 100
  System.out.println("A 级 ");
} else if(score >= 80) {              // 判断 score 值是否大于等于 80 且小于 90
  System.out.println("B 级 ");
} else if(score >= 70) {             // 判断 score 值是否大于等于 70 且小于 80
  System.out.println("C 级 ");
} else if(score >= 60) {             // 判断 score 值是否大于等于 60 且小于 70
  System.out.println("D 级 ");
} else {                            // score 值小于 60
  System.out.println("E 级 ");
}
}
```

输出结果如下所示：

B 级

> **规范：**
>
> ①如果 if 或 else 子句中要执行的语句超过一条，则必须将这些语句用大括号括起来。
>
> ②为了增强代码的可读性，建议始终用大括号将语句括起来。这也是编程规范要求的。

> **注意：**
>
> ①在上述 3 种 if 控制语句中，条件表达式的值必须是布尔类型，这是 Java 语言与 C、C++ 语言的不同之处。
>
> ②语句可以是一条语句，也可以是多条语句。

2. 嵌套 if 控制语句

在 if 控制语句中又包含一个或多个 if 控制语句的称为嵌套 if 控制语句。嵌套 if 控制语句可以通过外层语句和内层语句的协作，来增强程序的灵活性。

嵌套 if 控制语句的语法格式如下：

```java
if( 表达式 1 ) {
  if( 表达式 2 ) {
    语句 1
  }else {
    语句 2
  }
}else {
  if( 表达式 3 ) {
    语句 3
  }else {
```

```
            语句 4
        }
    }
```

以上嵌套 if 控制语句的流程图如图 3.7 所示。

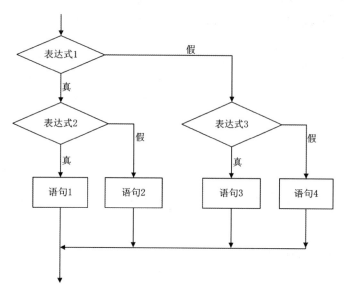

图 3.7 嵌套 if 控制语句的流程图

嵌套 if 控制语句的执行步骤：

（1）对表达式 1 的结果进行判断。

（2）如果表达式 1 的结果为 true，再对表达式 2 的结果进行判断。如果表达式 2 的结果为 true，则执行语句 1；否则，判断表达式 2 的值。

（3）如果表达式 1 的结果为 false，对表达式 3 的结果进行判断。如果表达式 3 的结果为 true，则执行语句 3；否则，判断表达式 4 的值。

> 💬 **提示：**
>
> 请对照多分支 if 语句与嵌套 if 控制语句的语法，找出这两种类型语句的相同点和不同点。

● **示例 4**

请实现如果今天是周六或周日，则准备外出。如果气温在 30℃ 以上，去游泳；否则就去爬山。

如果今天不是周六或周日，就要工作。如果天气好，去客户单位谈业务；否则在公司上网查资料。

分析：

（1）外层 if 控制语句用来判断是否是工作日。

（2）内层 if 控制语句用来判断天气情况。

实现步骤：

（1）使用 if 控制语句判断今天是否是周六或周日。

（2）如果是周六或周日，那么进一步判断气温是否在 30℃ 以上。

（3）如果不是周六或周日，那么进一步判断天气是否好。

关键代码：

```java
public static void main(String[] args) {
    int day=6;                              // 今天周六
    int temp=31;                            // 温度为 31℃
    String weather=" 天气好 ";              // 天气好

    if(day==6||day==7){
        if(temp>30){
            // 去游泳
            System.out.println(" 游泳 ");
        }
        else{
            // 去爬山
            System.out.println(" 爬山 ");
        }
    }
    else{
        if(" 天气好 ".equals(weather)){
            // 去客户单位谈业务
            System.out.println(" 去客户单位谈业务 ");
        }
        else{
            // 在公司上网查资料
            System.out.println(" 在公司上网查资料 ");
        }
    }
}
```

输出结果如下所示：

游泳

3．switch 语句

Java 中还提供了 switch 语句，用于实现多分支选择结构。它和多分支 if 控制语句结构在某些情况下可以相互替代。

switch 语句的语法格式如下：

```java
switch( 表达式 ){
    case 常量 1:
        语句 ;
        break;
    case 常量 2:
        语句 ;
        break;
```

```
    ......
  default:
    语句；
    break;
}
```

➢ switch、case、break、default 是 Java 关键字。

➢ switch 后的表达式只能是整型、字符型或枚举类型。

➢ case 用于与表达式进行匹配。

➢ break 用于终止后续语句的执行。

➢ default 是可选的，当其他条件都不匹配时执行 default。

> **注意：**
>
> 　如果 case 后没有 break 语句，程序将继续向下执行，直到遇到 break 语句或 switch 语句结束。

switch 语句的流程图如图 3.8 所示。

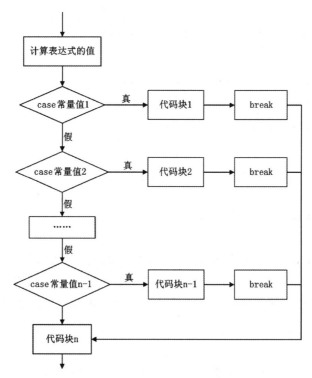

图 3.8　switch 语句的流程图

switch 语句的执行步骤：

（1）计算 switch 后表达式的值。

（2）将计算结果从上至下依次与 case 后的常量值比较。

（3）如果相等就执行该常量后的代码块，遇到 break 语句就结束。

（4）如果与任何一个 case 后的常量值都不匹配，就执行 default 中的语句。

⊃ 示例 5

如果成绩大于等于 90 分且小于等于 100 分，输出"A 级"；否则，如果大于等于 80 分，输出"B 级"；否则，如果大于等于 70 分，输出"C 级"；否则，如果大于等于 60 分，输出"D 级"；低于 60 分输出"E 级"。

实现步骤：

（1）为保存成绩的变量赋值。

（2）使用 switch 语句判断成绩的取值范围，并输出相关信息。

关键代码：

```java
public static void main(String[] args) {
  int score = 75;
  switch (score/10) {
    case 10:
    case 9:
      System.out.println("A 级 ");   // 成绩大于等于 90 分且小于等于 100 分
      break;
    case 8:
      System.out.println("B 级 ");  // 成绩大于等于 80 分
      break;
    case 7:
      System.out.println("C 级 ");  // 成绩大于等于 70 分
      break;
    case 6:
      System.out.println("D 级 ");  // 成绩大于等于 60 分
      break;
    default:
      System.out.println("E 级 ");
  }
}
```

输出结果如下所示：

C 级

示例 5 中，switch 后面的表达式"score/10"会得到一个整型值，在示例 5 中是 7，也就是说，凡是 70 分～79 分的成绩都会得到整型值 7，与"case 7:"匹配成功，并执行"case 7:"后面的语句，遇到"break;"程序退出。所以得到结果"C 级"。

任务 2   计算若干名学生每人 5 门课程的平均分

关键步骤如下：

➢   获得从键盘输入的学生姓名。

➢   使用循环接收一名学生 5 门课成绩，求出平均分并显示。

➢　使用多重循环实现接收并计算若干名学生每人 5 门课成绩的平均分。

3.2.1　使用循环结构完成重复操作

Java 中的循环控制语句有 while 循环、do-while 循环和 for 循环等。循环结构的特点是在给定条件成立时，反复执行某程序段，直到条件不成立为止。

循环语句的主要作用是反复执行一段代码，直到满足一定的条件为止。可以把循环分成 3 个部分。

➢　初始部分：设置循环的初始状态。

➢　循环体：重复执行的代码。

➢　循环条件：判断是否继续循环的条件，如使用"i<100"判断循环次数是否已经达到 100 次。

1．while 循环

while 循环语句的语法格式如下：

```
变量初始化
while( 循环条件 ){
  循环体
}
```

➢　关键字 while 后的小括号中的内容是循环条件。

➢　循环条件是一个布尔表达式，它的值为布尔类型"真"或"假"。

➢　大括号中的语句统称为循环操作，又称循环体。

> **注意：**
>
> while 语句是先判断循环条件再执行循环体，如果第一次判断循环条件为假，循环将一次也不执行。

while 语句的流程图如图 3.9 所示。

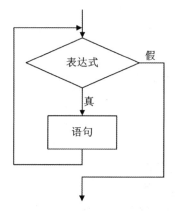

图 3.9　while 语句的流程图

while 语句的执行步骤：

（1）首先对循环条件的结果进行判断，如果结果为真，则执行循环语句。

（2）执行完毕后继续对循环条件进行判断，如果为真，继续执行。

（3）如果结果为假，则跳过循环语句，执行后面的语句。

图 3.9 中的"表达式"为循环条件，"语句"相当于循环体。

● 示例 6

请使用 while 循环实现 1+2+3+…+100 的求和计算。

实现步骤：

（1）首先定义变量 sum，代表总和，初始值为 0。

（2）定义循环变量 i，依次取 1 ～ 100 之间的每个数，初始值为 1。

（3）当 i<=100 时，重复进行加法操作，将 sum+i 的值再赋给 sum，每次相加后要将 i 的值递增。

（4）当 i 的值变成 101 时，循环条件为假，则退出循环，并输出最终的结果 5050。

关键代码：

```java
public static void main(String[] args) {
    int sum = 0;
    int i = 1;
    while(i <= 100) {
        sum += i;
        i++;
    }
    System.out.println("sum=" + sum);
}
```

输出结果如下所示：

sum=5050

> **注意：**
>
> 不要忘记了"i++;"，它用来修改循环变量的值，避免出现死循环。

2．do-while 循环

do-while 循环语句的语法格式如下：

```
变量初始化
do{
  循环体
}while( 循环条件 );
```

➢ do-while 循环以关键字 do 开头。

➢ 大括号括起来的是循环体。

➢ 最后的 while 关键字和紧随其后的小括号括起来的是循环条件。

注意：

　　do-while 以分号结尾，分号非常重要，不能省略。

do-while 语句的流程图如图 3.10 所示。

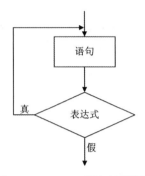

图 3.10　do-while 语句的流程图

do-while 语句的执行步骤：

（1）首先执行循环体。

（2）执行完毕后对循环条件的结果进行判断。

（3）如果结果为真，则继续执行循环体。如果结果为假，终止循环，执行后面的语句。

提示：

　　do-while 语句先执行循环体再判断循环条件，所以循环体至少执行一次，这一点和 while 循环正好相反。

⊃ 示例 7

请使用 do-while 循环实现 1+2+3+⋯+100 的求和计算。

实现步骤：

（1）和使用 while 语句基本相同，首先定义变量 sum 和变量 i 并赋初值。

（2）然后执行循环。

（3）差别是先执行循环体再判断循环条件，与 while 语句相反。

关键代码：

```
public static void main(String[] args) {
    int sum = 0;
    int i = 1;
    do{
        sum += i;
        i++;
```

```
    } while (i <= 100);
    System.out.println("sum=" + sum);
}
```

输出结果如下所示：

```
sum=5050
```

> **注意：**
>
> 不要忘记了 "i++;"，它用来修改循环变量的值，避免出现死循环。

3. for 循环

for 循环语句的语法格式如下：

```
for( 表达式 1; 表达式 2; 表达式 3){
    循环体
}
```

或更直观地表示为：

```
for( 变量初始化 ; 循环条件 ; 修改循环变量的值 ){
    循环体
}
```

➢ for 循环以关键字 for 开头。

➢ 大括号括起来的是循环体。

➢ 表达式 1、表达式 2、表达式 3 分别用来实现变量初始化、判断循环条件和修改循环变量的值。

for 语句的流程图如图 3.11 所示。

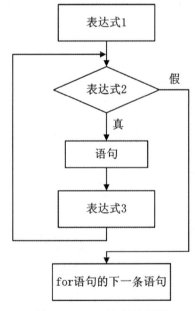

图 3.11　for 语句的流程图

for 语句的执行步骤：

（1）首先执行表达式 1，一般是进行变量初始化操作。

（2）然后执行表达式 2，即对循环条件进行判断。

（3）如果结果为真，则执行循环体。

（4）循环语句执行完毕后执行表达式 3，改变循环变量的值，再次执行表达式 2，如果结果为真，继续循环。

（5）如果结果为假，终止循环，执行后面的语句。

提示：

①无论循环多少次，表达式 1 只执行一次。

② for 语句和 while 语句功能相似，都是先判断条件再执行，只是采用了不同的语法格式。

示例 8

输入一名学生的姓名和他的 5 门课成绩，求出平均分并显示，输出结果如图 3.12 所示。

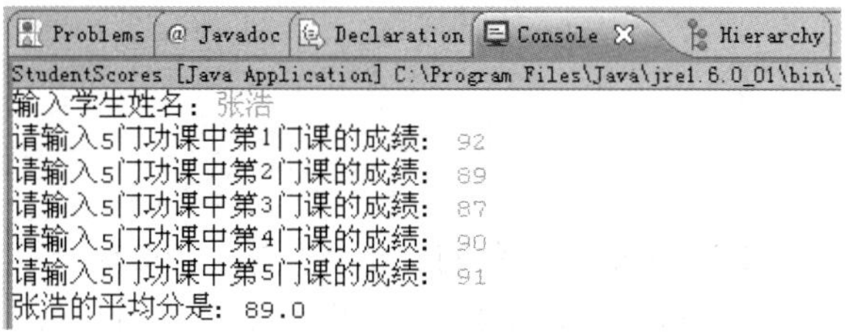

图 3.12　一名学生 5 门课的成绩平均分

分析：

这是完成任务 2 的第一个和第二个关键步骤。示例 8 需要通过下面 3 个步骤完成。

实现步骤：

（1）获得键盘输入的一名学生姓名。

使用 Scanner 的方法获得键盘输入的一名学生姓名，在之前的示例中已经实现过。

（2）获得键盘输入的这名学生 5 门课的成绩。

因为是 5 门课，也就是固定了循环次数为 5，首选 for 循环。循环操作是接收该学生每门课成绩，并累加，以获得他的 5 门课的总成绩。

（3）求出平均分并在控制台输出结果。

利用 5 门课的总成绩计算出这名学生 5 门课的平均分。

关键代码：

```
public static void main(String[] args){
  int score;                                    // 每门课的成绩
```

```
int sum = 0;                                    // 成绩之和
double avg = 0.0;                               // 平均分

Scanner input = new Scanner(System.in);
System.out.print(" 输入学生姓名 : ");
String name = input.next();                     // 接收学生姓名
for(int i = 0; i < 5; i++) {                     // 循环 5 次录入 5 门课成绩
    System.out.print(" 请输入 5 门功课中第 " + (i+1) + " 门课的成绩：");
    score = input.nextInt();                    // 接收 1 门课的成绩
    sum = sum + score;                          // 计算成绩和
}
avg = sum/5;                                     // 计算平均分
System.out.println(name + " 的平均分是：" + avg);
}
```

4．多重循环

多重循环指一个循环语句的循环体中再包含循环语句，又称嵌套循环。循环语句内可以嵌套多层循环。同时，不同的循环语句可以相互嵌套。

多重循环语句的语法格式如下：

```
while( 循环条件 1){
    循环语句 1
    for( 循环条件 2){
        循环语句 2
    }
}
```

➢ 这是 while 语句和 for 语句嵌套的例子。其中 while 循环称为外层循环，for 循环称为内层循环，因为是两层嵌套，所以称为二重循环。

➢ 该二重循环的执行过程是，外层 while 循环每循环一次，内层 for 循环就从头到尾完整地执行一遍。

➲ 示例 9

计算若干名学生每人 5 门课程的平均分，运行效果如图 3.2 所示。

分析：

这是完成任务 2 的第三个关键步骤。想要实现计算若干名学生每人 5 门课程的平均分任务，需要首先完成以下两个关键步骤。

（1）循环接收一名学生 5 门课成绩，求出平均分并显示。示例 8 已经完成。

（2）使用多重循环实现接收并计算若干名学生每人 5 门课成绩的平均分。

因为至少要接收一名学生 5 门课成绩，计算其平均分，所以，在完成第一步的基础上，添加 do-while 外层循环。循环条件是根据用户对程序的"继续输入吗"的提示输入的字符来确定是否继续下一轮循环，循环操作是初始化保存每名学生成绩的变量、接收学生姓名、使用 for 循环语句接收该学生 5 门课成绩，计算他的平均分。

关键代码：

```
public static void main(String[] args) {
  String end=null;
  do{
    int score;                          // 每门课的成绩
    int sum = 0;                        // 成绩之和
    double avg = 0.0;                   // 平均分
    Scanner input = new Scanner(System.in);
    System.out.print(" 输入学生姓名 : ");
    String name = input.next();
    for(int i = 0; i < 5; i++) {        // 循环 5 次录入 5 门课成绩
      System.out.print(" 请输入 5 门功课中第 " + (i + 1) + " 门课的成绩：  ");
      score = input.nextInt();          // 录入成绩
      sum = sum + score;                // 计算成绩和
    }
    avg = sum / 5;                      // 计算平均分
    System.out.println(name + " 的平均分是：" + avg);
    System.out.print("\n 继续输入吗 (y/n)?");
    end= input.next() ;
  }while(end.equals("y") || end.equals("Y"));
  System.out.println(" 成绩录入结束 ");
}
```

在示例 9 中，外循环每循环一次处理一个学生的姓名录入及平均分计算，内循环则处理一个学生的 5 门课成绩。也就是说，外循环每执行一次，内循环将执行 5 次，请上机练习该实例。

> **注意：**
> ①代码缩进可以体现不同层次的代码结构，增加可读性。
> ②关键代码应该有注释说明。

5．循环对比

（1）语法格式不同

1）while 循环语句语法格式如下：

变量初始化
while(循环条件){
　循环体
}

2）do-while 循环语句语法格式如下：

变量初始化
do{
　循环体
} while(循环条件);

3）for 循环语句语法格式如下：

```
for( 变量初始化 ; 循环条件 ; 修改循环变量 ){
  循环体
}
```

（2）执行顺序不同

1）while 循环：先判断循环条件，再执行循环体。如果条件不成立，退出循环。

2）do-while 循环：先执行循环体，再判断循环条件，循环体至少执行一次。

3）for 循环：先执行变量初始化部分，再判断循环条件，然后执行循环体，最后进行循环变量的计算。如果条件不成立，跳出循环。

（3）适用情况不同

在解决问题时，对于循环次数确定的情况，通常选用 for 循环。对于循环次数不确定的情况，通常选用 while 循环和 do-while 循环。

至此，已经实现了任务 2 的功能。但是，在实际开发中，经常会遇到需要改变循环流程的需求。此时，就需要使用跳转语句。

3.2.2　使用跳转语句控制程序流程

Java 语言支持 3 种类型的跳转语句：break 语句、continue 语句和 return 语句。使用这些语句，可以把控制转移到循环甚至程序的其他部分。

1. break 语句

break 语句在循环中的作用是终止当前循环，在 switch 语句中的作用是终止 switch。

⊃ 示例 10

请实现输出数字 1 ～ 10，若遇到 4 的倍数程序自动退出。

关键代码：

```
public static void main(String[] args) {
  for(int i = 1; i < 10; i++) {
    if(i % 4 == 0){
      break;
    }
    System.out.print(i+" ");
  }
  System.out.println(" 循环结束。 ");
}
```

分析：

（1）示例 10 的 for 循环中如果 i % 4 == 0，则执行 break 命令。

（2）输出结果为输出 "1 2 3 循环结束。 "。

break 语句的作用是终止当前循环语句的执行，然后执行当前循环后面的语句。

➲ **示例 11**

用户输入字符串并进行显示，直到输入"bye"为止，请使用 break 语句实现。

实现步骤：

（1）使用 while 循环和 Scanner 类的 next( ) 方法获得该字符串。

（2）判断该字符串与"bye"是否相等，若不相等，继续循环。

（3）如果相等，break 语句生效，退出循环。

关键代码：

```
public static void main(String[] args) {
  // 定义扫描器
  Scanner input = new Scanner(System.in);
  // 定义字符串
  String str = "";
  while(true) {
    System.out.println(" 请输入字符串： ");
    str = input.next();
    System.out.println(" 您输入的字符串是： " + str);
    if("bye".equals(str))
      break;
  }
  System.out.println(" 输入结束 ");
}
```

> 💬 **提示：**
> Java 中判断两个字符串是否相等时，用 equals() 方法判断值是否相等；用"=="判断内存地址是否相等。

➡ **补充知识**

程序调试

为了找出程序中的问题所在，希望程序在需要的地方暂停下来，以便查看运行到这里时变量的值是什么，还希望逐步运行程序，跟踪程序的运行流程，看看哪条语句已执行，哪条语句没有执行。

满足暂停程序、观察变量和逐条执行语句等功能的工具和方法统称为程序调试。

计算机程序中的错误或缺陷通常叫作"bug"，程序调试叫作"debug"，就是发现并解决 bug 的意思，如图 3.13 所示。

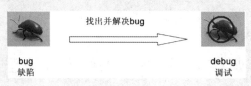

图 3.13　bug 和程序调试

运行示例 11 的代码，可以发现，只要输入的字符串不是"bye"，程序就不会结束，如果需要将程序暂停到 if 判断的位置，查看 equals( ) 方法的结果，该怎么做呢？可以使用断点解决这个问题，断点一般用来在调试时设置程序停在某一处，以便发现程序错误。

设置断点的方法很简单，在想设置断点的代码行左侧边栏处双击，就出现一个圆形的断点标记，再次双击，断点即可取消。也可以右击代码行左侧，通过在弹出的快捷菜单中执行"切换断点"命令来设置或取消断点设置。

设置好断点后，就可以单击 按钮启动调试了，如图 3.14 所示。

图 3.14　启动调试按钮

启动调试后，MyEclipse 会提示或自动转到调试视图，并在断点处停下来，这时即可在调试视图中单击 按钮或按 F6 键逐条执行语句（又称单步执行），如图 3.15 所示。

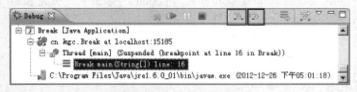

图 3.15　单步执行

按 F5 或 F6 键都是单步执行，它们的区别如下：

① F5 是"单步跳入"，会进入本行代码内部执行，如进入方法内部（方法将在后续章节讲解）。

② F6 是"单步跳过"，仅执行本行代码，执行完则跳到下一行代码。

代码运行到哪一行，左侧边栏就会有一个蓝色的小箭头指示，如图 3.16 所示，同时该行代码的背景色变成淡绿色（即图 3.16 中的阴影部分）。

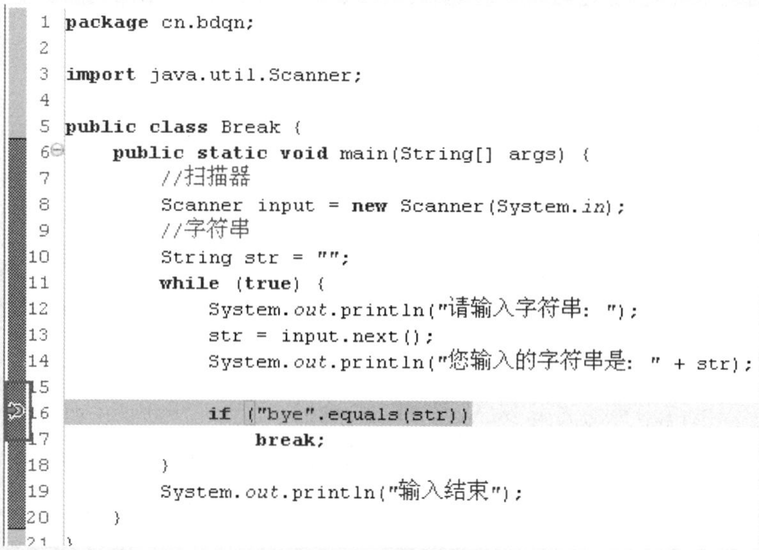

```
 1  package cn.bdqn;
 2
 3  import java.util.Scanner;
 4
 5  public class Break {
 6      public static void main(String[] args) {
 7          //扫描器
 8          Scanner input = new Scanner(System.in);
 9          //字符串
10          String str = "";
11          while (true) {
12              System.out.println("请输入字符串: ");
13              str = input.next();
14              System.out.println("您输入的字符串是: " + str);
15
16              if ("bye".equals(str))
17                  break;
18          }
19          System.out.println("输入结束");
20      }
21  }
```

图 3.16 当前代码行

单步执行过程中，可以在变量视图（可执行 "Window → Show View → Variables" 命令）中观察变量的值，如图 3.17 所示。

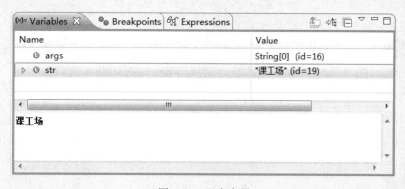

图 3.17 观察变量

当变量的值发生改变时，变量的值所在行的背景色变为黄色，以提醒大家注意。

有了这些工具的帮助，调试工作就很方便了！

2. continue 语句

continue 语句的作用是强制循环提前返回，也就是让循环跳过本次循环中的剩余代码，然后开始下一次循环。

⊃ 示例 12

请实现输出 1 ~ 10 中非 4 的倍数的数字。

关键代码：

```java
public static void main(String[] args) {
    for(int i = 1; i < 10; i++) {
        if(i % 4 == 0){
            continue;
        }
        System.out.print(i+" ");
    }
    System.out.println(" 循环结束。");
}
```

分析：

（1）执行该程序，将输出"1 2 3 5 6 7 9 循环结束。"，结果中没有输出 4 和 8。

（2）当 i=4、i=8 时，满足条件，执行 continue 后并没有终止整个循环，而是终止本次循环，不再执行循环体中 continue 后面的输出语句。

> 💬 **提示：**
>
> 在 while 和 do-while 循环中，continue 执行完毕后，程序将直接判断循环条件，如果为 true，则继续下一次循环，否则，终止循环。而在 for 循环中，continue 使程序先跳转到循环变量计算部分，然后再判断循环条件。

⤷ 示例 13

输出 1 ~ 100 之间能被 6 整除的数，请使用 continue 语句实现。

实现步骤：

（1）使用 for 循环，循环变量取 1 ~ 100 之间的数字。

（2）if 语句利用"%"判断是否能被 6 整除。

（3）如果不能整除，continue 终止本轮循环，不输出这个数字。

关键代码：

```java
public static void main(String[] args) {
    for(int i = 1; i <= 100; i++) {
        // 判断 i 是否能被 6 整除
        if(i % 6 != 0)
            continue;
        System.out.println(i);
    }
}
```

输出结果如下：

6

12

18

24

30

36

42

48

54

60

66

72

78

84

90

96

> **注意：**
>
> continue 语句只会出现在循环语句中，它只有这一种使用场合。

3．return 语句

return 语句的作用是结束当前方法的执行并退出返回到调用该方法的语句处。

➲ 示例 14

请实现输出 1 ～ 10 中 4 以下的数字。

关键代码：

```java
public static void main(String[] args) {
  for(int i = 1; i < 10; i++) {
    if(i % 4 == 0){
      return;
    }
    System.out.print(i+" ");
  }
  System.out.println(" 循环结束。");
}
```

分析：

（1）执行该程序，将输出"1 2 3"，结果中竟然没有输出 for 循环下面的输出"循环结束。"的语句。

（2）当 i=4 时满足条件，执行 return 语句，结束了当前循环，还结束了整个方法的执行。

return 语句的作用：

➢　结束当前方法的执行并退出。

➢　返回至调用该方法的语句处。

本章总结

本章学习了以下知识点：

➢ 程序流程控制结构包括顺序结构、选择结构和循环结构，由这 3 种基本结构组成的程序可以解决任何复杂的问题。

➢ 顺序结构是指程序从上向下依次执行每条语句的结构，中间没有任何判断和跳转。

➢ 选择结构是根据条件判断的结果来选择执行不同的代码。在 Java 中提供了 if 控制语句、switch 语句来实现选择结构。

➢ 循环结构是指根据循环条件来重复性地执行某段代码。在 Java 中提供了 while 语句、do-while 语句、for 语句等来实现循环结构。

➢ 跳转语句中，break 语句和 continue 语句用来实现循环结构的跳转，而 return 语句用来跳出方法。

本章练习

1. 输入一批整数，输出其中的最大值和最小值，输入数字 0 时结束循环，输出结果如图 3.18 所示。

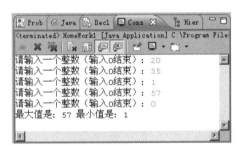

图 3.18　最大值和最小值

2. 用键盘输入一位整数，当输入 1 ～ 7 时，显示对应的英文星期名称的缩写。1 表示 MON，2 表示 TUE，3 表示 WED，4 表示 THU，5 表示 FRI，6 表示 SAT，7 表示 SUN，输入其他数字时提示用户重新输入，输入数字 0 时程序结束。输出结果如图 3.19 所示。

3. 假如你准备去海南旅游，现在要订购机票。机票的价格受季节旺季、淡季影响，而且头等舱和经济舱价格也不同。假设机票原价为 5000 元，4 ～ 10 月为旺季，旺季头等舱打 9 折，经济舱打 6 折，其他月份为淡季，淡季头等舱打 5 折，经济舱打 4 折。

请编写程序，根据出行的月份和选择的舱位输出实际的机票价格，输出结果如图 3.20 所示。

图 3.19 显示英文星期名称的缩写

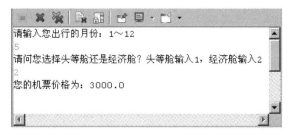

图 3.20 订购机票

随手笔记

第4章

数组

本章任务

学习本章，需要完成以下 3 个工作任务。请记录学习过程中所遇到的问题，可以通过自己的努力或访问 kgc.cn 解决。

任务 1：使用数组计算 5 个学生的平均分、最高分和最低分

输入 5 个学生的成绩，计算 5 个学生的平均分、最高分和最低分。图 4.1 所示为本任务的输出结果。

```
Console
<terminated> Test [Java Application] C:\Program Files\Java\jre6\bin\javaw.exe
请输入5个学生的笔试成绩:
66
78
93
53
89
总成绩: 379.0
最高分: 93
最低分: 53
平均分: 75.8
```

图 4.1　使用数组计算 5 个学生的平均分、最高分和最低分

任务 2：计算每个班级的学生总成绩

分别计算 1 班、2 班和 3 班学生的总成绩，如图 4.2 所示。

```
Console
<terminated> Test [Java Application] C:\Program Files\Java\jre6\bin\javaw.exe
1班总成绩: 146
2班总成绩: 222
3班总成绩: 136
```

图 4.2　计算每个班级的学生总成绩

任务 3：按升序排列每个班级的学生成绩

分别对 1 班、2 班和 3 班学生的成绩进行升序排列，如图 4.3 所示。

```
Console
<terminated> Test [Java Application] C:\Program Files\Java\jre6\bin\javaw.exe
1班成绩排序后:
66
80
2班成绩排序后:
54
70
98
3班成绩排序后:
59
77
```

图 4.3　按升序排列每个班级的学生成绩

任务 1　使用数组计算 5 个学生的平均分、最高分和最低分

关键步骤如下：

➤　创建一个长度为 5 的整型数组。

➤　定义两个 float 类型变量，用于保存总成绩、平均分，初始值均为 0。

➤　定义两个 int 类型变量，用于保存最高分和最低分，初始值均为 0。

➤　从控制台接收 5 个学生的成绩。

➤　通过循环使数组的 5 个元素相加得到总成绩。

➤　通过循环遍历数组，比较元素大小，得到最高分及最低分。

4.1.1　一维数组

1．理解数组

在前面的章节中已经学习了诸如整型、字符型和浮点型等数据类型，这些数据类型操作的往往是单个数据，如示例 1 所示。

○ 示例 1

存储 50 个学生某门课程的成绩并求 50 人的平均分。

分析：

采用之前学习的知识点实现，可以定义 50 个变量，分别存放 50 个学生的成绩。

关键代码：

```
int score1 = 95;
int score2 = 89;
int score3 = 79;
int score4 = 64;
int score5 = 76;
int score6 = 88;
//……此处省略 41 个赋值语句
int score48 = 70;
int score49 = 88;
int score50 = 65;
average = (score1+score2+score3+score4+score5+…+score50)/50;
```

示例 1 的代码缺陷很明显，首先是定义的变量的个数太多，如果存储 10000 个学生的成绩，难道真要定义 10000 个变量吗？这显然不可能。另外也不利于数据处理，如要求计算所有成绩之和或最高分，要输出所有成绩，就需要把所有的变量名都写出来，这显然不是一种好的实现方法。

Java 针对此类问题提供了有效的存储方式——数组。在 Java 中，数组是用来存储

一组相同类型数据的数据结构。当数组初始化完毕后，Java 为数组在内存中分配一段连续的空间，其在内存中开辟的空间也将随之固定，此时数组的长度就不能再发生改变。即使数组中没有保存任何数据，数组所占据的空间依然存在。数组的存储方式如图 4.4 所示。

| 67 | 78 | 96 | 58 | 97 | 43 | … | … | … | … | … | … | 100 | 74 |

图 4.4　数组存储方式

💬 **提示：**

如果没有特殊说明，在本章中所说的数组均表示一维数组。

2. 定义数组

在 Java 中，定义数组的语法有如下两种。

数据类型 [] 数组名 = new 数据类型 [数组长度];

或者：

数据类型 数组名 [] = new 数据类型 [数组长度];

➢ 定义数组时一定要指定数组名和数组类型。

➢ 必须书写"[]"，表示定义了一个数组，而不是一个普通的变量。

➢ "[数组长度]"决定连续分配的空间的个数，通过数组的 length 属性可获取此长度。

➢ 数组的数据类型用于确定分配的每个空间的大小。

⊃ **示例 2**

使用两种语法分别定义整型数组 scores 与字符串数组 cities，scores 的长度是 5，cities 的长度是 6。

关键代码：

```
int [] scores = new int[5];
String cities[] = new String[6];
```

示例 2 为数组 scores 分配了 5 个连续空间，每个空间存储整型的数据，即占用 4 字节空间，每个空间的值是 0。为数组 cites 分配了 6 个连续空间，用来存储字符串类型的数据，每个空间的值是 null。数组元素分配的初始值如表 4-1 所示。

表 4-1　数组元素分配的初始值

数组元素类型	默认初始值
byte、short、int、long	0
float、double	0.0
char	'\u0000'

续表

数组元素类型	默认初始值
boolean	false
引用数据类型	null

3. 数组元素的表示与赋值

由于定义数组时内存分配的是连续的空间，所以数组元素在数组里顺序排列编号，该编号即元素下标，它标明了元素在数组中的位置。首元素的编号规定为 0，因此，数组的下标依次为 0、1、2、3、4……依次递增，每次的增长数是 1。数组中的每个元素都可以通过下标来访问。例如，数组 scores 的第一个元素表示为 scores[0]。

获得数组元素的语法格式如下：

数组名 [下标值]

例如，下面两行代码分别为 scores 数组的第一个元素和第二个元素赋值。

scores[0]=65;// 表示为 scores 数组中的第一个元素赋值 65

scores[1]=87;// 表示为 scores 数组中的第二个元素赋值 87

4. 数组的初始化

所谓数组初始化，就是在定义数组的同时一并完成赋值操作。

数组初始化的语法格式如下：

数据类型 [] 数组名 = { 值 1, 值 2, 值 3,……, 值 n};

或者：

数据类型 [] 数组名 = new 数据类型 []{ 值 1, 值 2, 值 3,……, 值 n};

下面两个语句都是定义数组并初始化数组。

int scores[] = {75,67,90,100,0}; // 创建一个长度为 5 的数组 scores

// 或者

int scores[] = new int[]{75,67,90,100,0};

5. 遍历数组

在编写程序时，数组和循环往往结合在一起使用，可以大大地简化代码，提高程序编写效率。通常使用 for 循环遍历数组。

○ 示例 3

创建整型数组，从控制台接收键盘输入的整型数，并对数组进行循环赋值。

实现步骤：

（1）创建整型数组。

（2）创建 Scanner 对象。

（3）将循环变量 i 作为数组下标，循环接收键盘输入，并为数组元素赋值。

关键代码：

```java
public static void main(String[] args) {
    int scores[] = new int[5];                  // 创建长度为 5 的整型数组
```

```
Scanner input = new Scanner(System.in);
for(int i = 0; i < scores.length; i++) {          //scores.length 等于数组的长度 5
    score[i] = input.nextInt();                   // 从控制台接收键盘输入，进行循环赋值
    }
}
```

示例 3 中使用 for 循环为数组元素赋值，下面再使用 for 循环输出数组元素。

● 示例 4

创建整型数组，循环输出数组元素。

实现步骤：

（1）初始化整型数组。

（2）以循环变量 i 为数组下标，循环输出数组元素。

关键代码：

```
public static void main(String[] args) {
    int scores[] = {75,67,90,100,0};                  // 创建有 5 个元素的整型数组
    for(int i = 0; i < scores.length; i++){           // length 等于 5
        // 每次循环 i 的值相当于数组下标
        System.out.println("scores[" + i + "]=" + scores[i]);
    }
}
```

JDK 1.5 之后提供了增强 for 循环语句，用来实现对数组和集合中数据的访问，增强 for 循环的语法如下。

```
for( 元素类型 变量名 : 要循环的数组或集合名 ){……}
```

第一个元素类型是数组或集合中元素的类型，变量名在循环时用来保存每个元素的值，冒号后面是要循环的数组或集合名称。示例 5 使用增强 for 循环实现逐一输出数组元素的功能。

● 示例 5

创建整型数组，使用增强 for 循环输出数组元素。

分析：

该语句的含义是依次取出数组 scores 中各个元素的值并赋给整型变量 i，同时输出其值。

实现步骤：

（1）初始化整型数组。

（2）使用增强 for 循环。

关键代码：

```
public static void main(String[] args) {
    int scores[] = {75,67,90,100,0};
    for(int  i : scores){
        System.out.println(" 数组元素值依次为： " + i);
    }
}
```

输出结果如下所示：

数组元素值依次为：75

数组元素值依次为：67

数组元素值依次为：90

数组元素值依次为：100

数组元素值依次为：0

> **注意：**
>
> 变量 i 的类型必须和数组 scores 元素的类型保持一致。

6. 使用数组计算成绩

⊃ 示例 6

使用数组计算 5 名学生的平均分、最高分和最低分。

实现步骤：

（1）定义一个长度为 5 的整型数组。

（2）定义两个 float 类型变量，用于保存总成绩、平均分，初始值均为 0。

（3）定义两个 int 类型变量，用于保存最高分和最低分，初始值均为 0。

（4）从控制台接收 5 名学生的成绩。

（5）通过循环使数组的 5 个元素相加得到总成绩。

（6）通过循环遍历数组并比较元素大小，得到最高分及最低分。

关键代码：

```java
public static void main(String[] args){
    int[] scores=new int[5];                          // 定义长度为 5 的整型数组
    float total=0;                                    // 总成绩
    float avg=0;                                       // 平均分
    int max=0;                                         // 最高分
    int min=0;                                         // 最低分
    Scanner input=new Scanner(System.in);
    System.out.println(" 请输入 5 个学生的笔试成绩： ");      // 输出提示信息
    for(int i=0; i<scores.length; i++){
        scores[i]=input.nextInt();
    }
    // 计算总成绩、最高分和最低分
    max=scores[0];
    min=scores[0];
    for(int j=0; j<scores.length; j++){
        total+=scores[j];
        if(scores[j]>max){                            // 第一次循环 max 为 scores[0]
            max=scores[j];
        }
```

```
    if(scores[j]<min){                          // 第一次循环 min 为 scores[0]
      min=scores[j];
      }
    }
  // 计算平均成绩
  avg=total/scores.length;
  // 输出 5 名学生的总成绩、最高分、最低分和平均分
  System.out.println(" 总成绩： " + total);
  System.out.println(" 最高分： " + max);
  System.out.println(" 最低分： " + min);
  System.out.println(" 平均分： " + avg);
}
```

在日常使用数组的开发中，除了定义、赋值和遍历操作之外，还有很多其他操作。例如，对数组进行添加、修改、删除操作。

（1）数组添加

➲ 示例7

如图 4.5 所示，当已经存在一个数组"phones"时，如何往数组的"null"位置插入数据呢？大致思路是首先查找位置，然后进行添加。

```
String[] phones = {"iPhone4","iPhone4S","iPhone5",null};
```

图 4.5 数组添加

关键代码：
```
public class SuppleMent{
  public static void main(String[] args){
    // 数组添加
    int index=-1;
    String[] phones = {"iPhone4","iPhone4S","iPhone5",null};
    for(int i=0;i<phones.length;i++){
      if(phones[i]==null){
        index=i;
        break;
      }
    }
    if(index!=-1){
      phones[index]="iPhone5S";
      for(int i=0;i<phones.length;i++){
        System.out.println(phones[i]);
      }
    }else{
      System.out.print(" 数组已满 ");
    }
  }
}
```

分析：

index 变量相当于一个"监视器"。赋初始值"-1"是为了和数组下标的 0、1、2 等区别开来。遍历数组中的元素，如果发现了 null 就会把 i 赋值给 index，相当于找到 null 的下标，此时使用 break 跳出循环。

随后进入下一个 if 语句，首先判断 index 的值是否发生了变化，如果有变化（不等于 -1 时），说明发现了 null 的元素，"phones[index]="iPhone5S";"因为 index 在上一个 if 语句中已经重新赋值为 null 的下标值，这时直接找到那个空的位置赋值为"iPhone5S"即可。

输出结果如图 4.6 所示。

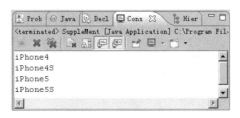

图 4.6 数组添加输出

（2）数组修改

➲ 示例 8

如图 4.7 所示，当已经存在一个数组"phones"时，如何修改"iPhone5"的值呢？大致思路是首先查找位置，然后进行修改。

String[] phones = {"iPhone3GS 经典 ","iPhone4 革新 ","iPhone4S 变化不大 ","iPhone5"};

图 4.7 数组修改

关键代码：

```
public class SuppleMent{
  public static void main(String[] args){
    // 数组修改
    int indexNew=-1;
    String[] phones = {"iPhone3GS 经典 ","iPhone4 革新 ","iPhone4S 变化不大 ","iPhone5"};
    for(int i=0;i<phones.length;i++){
      if(phones[i].equals("iPhone5")){//equals( ) 方法用来比较值是否相等
        indexNew=i;
        break;
      }
    }
    if(indexNew!=-1){
      phones[indexNew]="iPhone5 掉漆 ";
      for(int i=0;i<phones.length;i++){
```

```
        System.out.println(phones[i]);
      }
   }else{
      System.out.print(" 不存在 iPhone5");
   }
  }
}
```

分析：

第一个 if 语句的作用与数据添加类似，第二个 if 语句的作用是找到修改的位置，对该位置重新赋值。

输出结果如图 4.8 所示。

图 4.8　数组修改输出

（3）数组删除

➲ 示例 9

如图 4.9 所示，当已经存在一个数组"phones"时，如何删除"iPhone3GS 经典"的值呢？大致思路是首先找到删除的位置，删除后把后面的数据依次前移，将最后一位设置为 null。

```
String[] phones = {"iPhone3GS 经典 ","iPhone4 革新 ","iPhone4S 变化不大 ","iPhone5 掉漆 "};
```

图 4.9　数组删除

关键代码：
```java
public class SuppleMent{
  public static void main(String[] args){
    // 数组删除
    String[] phones = {"iPhone3GS 经典 ","iPhone4 革新 ","iPhone4S 变化不大 ","iPhone5 掉漆 "};
    int index=-1;
    for(int i=0;i<phones.length;i++){
      if(phones[i].equals("iPhone3GS 经典 ")){
        index=i;
        break;
      }
    }
    if(index!=-1){
```

```
            for(int i=index;i<phones.length-1;i++){
                phones[i]=phones[i+1];
            }
            phones[phones.length-1]=null;
        }else{
            System.out.println(" 没有您要删除的内容！ ");
        }
        for(int k = 0;k<phones.length;k++){
            System.out.println(phones[k]);
        }
    }
}
```

　　"phones [i] = phones [i+1]；"表示此程序从 0 位置开始把 1 位置的值向前移一位，"phones.length-1"等于 3，当 i 的值等于 3 的时候，停止 for 循环，这时把最后一位赋值为 null，此时数组中的"iPhone3GS"被删除，后面的数据也完成了移位。

　　输出结果如图 4.10 所示。

图 4.10　数组删除输出

4.1.2　一维数组常见问题

　　数组是编程中常用的存储数据的结构，但在使用的过程中常出现一些错误，这里做一个归纳，希望能够引起重视。

● 示例 10

　　请指出以下代码中出错的位置。

```
class ArrayTest4 {
    public static void main(String[] args) {
        int a[] = new int[] { 1, 2, 3, 4, 5 };
        System.out.println(a[5]);
    }
}
```

　　输出结果如图 4.11 所示。

　　系统提示出现数组下标越界异常，并指出了错误语句的位置。发生异常的原因是 a 数组的下标最大值是 4，不存在下标为 5 的元素。

```
Console ✕ 🔗 Problems ⏱ Tasks 🌐 Web Browser 🐘 Servers                    ■ ✖ ✖ | ▤ ▤ ▤ ▤ ▤ | ▤ ▤ ▾ ▤ ▾ ⁵ ⁵
<terminated> ArrayTest4 [Java Application] D:\Program Files (x86)\Java\jdk1.7.0_51\bin\javaw.exe (2017-3-10 上午11:36:45)
Exception in thread "main" java.lang.ArrayIndexOutOfBoundsException: 5
        at cn.kgc.ArrayTest4.main(ArrayTest4.java:6)
```

图 4.11　数组下标越界

> 🐟 **注意：**
>
> 　　数组下标从 0 开始，而不是从 1 开始。如果访问数组元素时指定的下标小于 0，或者大于等于数组的长度，都将出现数组下标越界异常。

◔ 示例 11

请指出以下代码中出错的位置。

关键代码：

```java
class ArrayTest5 {
    public static void main(String[] args) {
        int arr1[4];
        arr1={1,2,3,4};
        int [] arr2=new int[4]{1,2,3,4};
    }
}
```

分析：

示例 11 的代码存在两处错误，均是初始化数组格式的错误。

正确的初始化数组格式如下：

```java
int arr1[] = {1,2,3,4};                    // 不可分成两步初始化
int [] arr2 = new int[]{1,2,3,4};    // new int 后边的 [] 中必须为空
```

任务 2　计算每个班级的学生总成绩

关键步骤如下：

➢　初始化一个 int 类型二维数组。

➢　定义一个 int 类型变量，用于保存总成绩。

➢　通过嵌套循环遍历二维数组，并累加成绩。

4.2.1　二维数组

Java 中定义和操作多维数组的语法与一维数组类似。在实际应用中，三维及以上的数组很少使用，主要使用二维数组。下面主要以二维数组为例进行讲解。

定义二维数组的语法格式如下：

数据类型 [][] 数组名；

或者：

数据类型 数组名 [][];

➢　数据类型为数组元素的类型。

➢　"[][]"用于表明定义了一个二维数组，通过多个下标进行数据访问。

⊃ 示例 12

定义一个整型二维数组。

关键代码：

```
int[][] scores;                    // 定义二维数组
scores=new int[5][50];             // 分配内存空间
// 或者
int[][] scores = new int[5][50];
```

需要强调的是，虽然从语法上看 Java 支持多维数组，但从内存分配原理的角度看，Java 中只有一维数组，没有多维数组。或者说，表面上是多维数组，实质上都是一维数组。

⊃ 示例 13

定义一个整型二维数组，并为其分配内存空间。

关键代码：

```
int[][] s = new int[3][5];
```

示例 13 中的语句表面看来是定义了一个二维数组，但是从内存分配原理角度，实际上是定义了一个一维数组，数组名是 s，包括 3 个元素，分别为 s[0]、s[1]、s[2]，每个元素是整型数组类型，即一维数组类型。而 s[0] 又是一个数组的名称，包括 5 个元素，分别为 s[0][0]、s[0][1]、s[0][2]、s[0][3]、s[0][4]，每个元素都是整数类型。s[1]、s[2] 与 s[0] 的情况相同，其存储方式如图 4.12 所示。

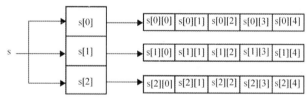

图 4.12　二维数组存储方式示意图

二维数组实际上是一个一维数组，它的每个元素又是一个一维数组。

4.2.2　二维数组及其使用

1.　初始化二维数组

二维数组也可以进行初始化操作，与一维数组类似，同样可采用两种方式，请注意大括号的结构及书写顺序。

⊃ 示例 14

定义二维数组并初始化数组元素的两种方法。

关键代码：

int[][] scores=new int[][]{ { 90, 85, 92, 78, 54 }, { 76, 63,80 }, { 87 }};

// 或者

int scores[][] = {{ 90, 85, 92, 78, 54 }, { 76, 63,80 }, { 87 } };

2．二维数组的遍历

⊃ 示例 15

分别计算每个班级的学生总成绩。

实现步骤：

（1）初始化整型二维数组。

（2）定义保存总成绩的变量。

（3）使用 for 循环遍历二维数组。

关键代码：

```java
public static void main(String[] args) {
  int [][] array = new int[][]{{80,66},{70,54,98},{77,59}}; // 定义二维数组、分配空间、赋值
  int total;                            // 保存总成绩
  for(int i = 0; i < array.length; i++) {
      String str = (i+1) + " 班 ";
      total = 0;                               // 每次循环到此都将其归 0
      for(int j = 0; j < array[i].length; j++) {
        total += array[i][j];                  // 成绩累加
      }
      System.out.println(str+" 总成绩： " + total);
  }
}
```

输出结果如下所示：

1 班总成绩：146

2 班总成绩：222

3 班总成绩：136

任务3 按升序排列每个班级的学生成绩

关键步骤如下：

➢ 初始化一个整型二维数组。

➢ 使用 for 循环遍历二维数组。

➢ 使用 Arrays 类的 sort() 方法对二维数组的元素进行升序排列。

➢ 使用 for 循环遍历二维数组的元素并输出。

4.3.1 Arrays 类及其常用方法

JDK 中提供了一个专门用于操作数组的工具类，即 Arrays 类，位于 java.util 包中。该类提供了一系列方法来操作数组，如排序、复制、比较、填充等，用户直接调用这些方法即可，不需自己编码实现，降低了开发难度。Arrays 类的常用方法如表 4-2 所示。

表 4-2 Arrays 类的常用方法介绍

返回类型	方法	说明
boolean	equals(array1,array2)	比较两个数组是否相等
void	sort(array)	对数组 array 的元素进行升序排列
String	toString(array)	将一个数组 array 转换成一个字符串
void	fill(array,val)	把数组 array 的所有元素都赋值为 val
与 array 数据类型一致	copyOf(array,length)	把数组 array 复制成一个长度为 length 的新数组
int	binarySearch(array, val)	查询元素值 val 在数组 array 中的下标

4.3.2 使用 Arrays 类操作数组

1. 比较两个数组是否相等

Arrays 类的 equals( ) 方法用于比较两个数组是否相等。只有当两个数组长度相等，对应位置的元素也一一相等时，该方法返回 true；否则返回 false。

⊃ 示例 16

初始化 3 个整型一维数组，使用 Arrays 类的 equals() 方法判断是否两两相等，并输出比较结果。

实现步骤：

（1）初始化 3 个整型一维数组。

（2）使用 Arrays 类的 equals() 方法判断是否两两相等。

关键代码：

```
public static void main(String[] args) {
    int [] arr1 = {10,50,40,30};
    int [] arr2 = {10,50,40,30};
    int [] arr3 = {60,50,85};
    System.out.println(Arrays.equals(arr1, arr2)); // 判断 arr1 与 arr2 的长度及元素是否相等
    System.out.println(Arrays.equals(arr1, arr3)); // 判断 arr1 与 arr3 的长度及元素是否相等
}
```

输出结果如下所示：

true

false

2．对数组的元素进行升序排列

Arrays 类的 sort() 方法对数组的元素进行升序排列，即以从小到大的顺序排列。

⊃ 示例 17

分别对 1 班、2 班和 3 班的学员成绩进行升序排列。

实现步骤：

（1）初始化一个整型二维数组。

（2）使用 for 循环遍历二维数组。

（3）使用 Arrays 类的 sort() 方法对二维数组的元素进行升序排列。

（4）使用 for 循环遍历二维数组的元素并输出。

关键代码：

```java
public static void main(String[] args) {
  int [][] array = new int[][]{{80,66},{70,54,98},{77,59}};
  for(int i = 0; i < array.length; i++) {
    String str = (i+1) + " 班 ";
    Arrays.sort(array[i]);
    System.out.println(str+" 成绩排序后：");
    for(int j = 0; j < array[i].length; j++) {
      System.out.println(array[i][j]);
    }
  }
}
```

输出结果如下所示：

1 班成绩排序后：

66

80

2 班成绩排序后：

54

70

98

3 班成绩排序后：

59

77

3．将数组转换成字符串

Arrays 类中提供了专门输出数组内容的方法——toString() 方法。该方法用于将一个数组转换成一个字符串。它按顺序把多个数组元素连在一起，多个数组元素之间使用英文逗号和空格隔开。利用这种方法可以很清楚地观察到各个数组元素的值。

⊃ 示例 18

初始化一个整型一维数组，使用 Arrays 类的 toString() 方法将数组转换为字符串并输出。

实现步骤：

（1）初始化一个整型一维数组。

（2）使用 Arrays 类的 toString() 方法将数组转换为字符串。

关键代码：

```
public static void main(String[] args) {
  int[] arr = { 10, 50, 40, 30 };
  Arrays.sort(arr);                          // 将数组按升序排列
  System.out.println(Arrays.toString(arr));  // 将数组 arr 转换为字符串并输出
}
```

输出结果如下所示：

[10, 30, 40, 50]

4. 将数组所有元素赋值为相同的值

Arrays 类的 fill(array,val) 方法用于把数组 array 的所有元素都赋值为 val。

⊃ 示例 19

初始化一个整型一维数组，使用 Arrays 类的 fill() 方法替换数组的所有元素为相同的元素。

实现步骤：

（1）初始化一个整型一维数组。

（2）使用 Arrays 类的 fill() 方法替换数组元素。

关键代码：

```
public static void main(String[] args) {
  int[] arr = { 10, 50, 40, 30 };            // 初始化整型数组
  Arrays.fill(arr, 40);                      // 替换数组元素
  System.out.println(Arrays.toString(arr));  // 将数组 arr 转换为字符串并输出
}
```

输出结果如下所示：

[40, 40, 40, 40]

5. 将数组复制成一个长度为设定值的新数组

⊃ 示例 20

初始化一个整型一维数组，使用 Arrays 类的 copyOf() 方法把数组复制成一个长度为设定值的新数组。

实现步骤：

（1）初始化一个长度为 4 的整型一维数组。

（2）使用 Arrays 类的 copyOf() 方法复制成一个长度为 3 的新数组，并输出新数组元素。

（3）使用 Arrays 类的 copyOf() 方法复制成一个长度为 4 的新数组，并输出新数组元素。

（4）使用 Arrays 类的 copyOf() 方法复制成一个长度为 6 的新数组，并输出新数组元素。

关键代码：

```java
public static void main(String[] args) {
    int[] arr1 = { 10, 50, 40, 30 };
    int[] arr2 = Arrays.copyOf(arr1, 3);        // 将 arr1 复制成长度为 3 的新数组 arr2
    System.out.println(Arrays.toString(arr2));
    int[] arr3 = Arrays.copyOf(arr1, 4);        // 将 arr1 复制成长度为 4 的新数组 arr3
    System.out.println(Arrays.toString(arr3));
    int[] arr4 = Arrays.copyOf(arr1, 6);        // 将 arr1 复制成长度为 6 的新数组 arr4
    System.out.println(Arrays.toString(arr4));
}
```

输出结果如下所示：

[10, 50, 40]

[10, 50, 40, 30]

[10, 50, 40, 30, 0, 0]

Arrays 类的 copyOf(array,length) 方法可以进行数组复制，把原数组复制成一个新数组，其中 length 是新数组的长度。如果 length 小于原数组的长度，则新数组就是原数组的前面 length 个元素；如果 length 大于原数组的长度，则新数组前面的元素就是原数组的所有元素，后面的元素是按数组类型补充默认的初始值，如整型补充 0，浮点型补充 0.0 等。

6. 查询元素在数组中的下标

Arrays 类的 binarySearch() 方法用于查询数组元素在数组中的下标。调用该方法时要求数组中的元素已经按升序排列，这样才能得到正确的结果。

◯ 示例 21

初始化一个整型数组，使用 Arrays 类的 binarySearch() 方法查询数组元素在数组中的下标。

实现步骤：

（1）初始化一个整型数组。

（2）使用 Arrays 类的 sort() 方法按升序排列数组。

（3）使用 Arrays 类的 binarySearch() 方法查找某个元素的下标，并输出。

关键代码：

```java
public static void main(String[] args) {
    int[] arr = { 10, 50, 40, 30 };
    Arrays.sort(arr);                        // 先按升序排列
    int index=Arrays.binarySearch(arr, 30);  // 查找 30 的下标
    System.out.println(index);
    index=Arrays.binarySearch(arr, 50);      // 查找 50 的下标
    System.out.println(index);
}
```

输出结果如下所示：

1

3

本章总结

本章介绍了以下知识点:

➤　数组是可以在内存中连续存储多个元素的结构。数组中的所有元素必须属于相同的数据类型。

➤　数组中的元素通过数组下标进行访问,数组下标从 0 开始。

➤　二维数组实际上是一个一维数组,它的每个元素是一个一维数组。

➤　使用 Arrays 类提供的方法可以方便地对数组中的元素进行排序、查询等操作。

➤　JDK 1.5 之后提供了增强 for 循环,可以用来实现对数组和集合中数据的访问。

本章练习

1.　依次输入 5 句话后将它们逆序输出,输出结果如图 4.13 所示。

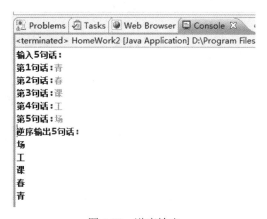

图 4.13　逆序输出

2.　假设有一个长度为 5 的数组,如下所示:

int[] array=new int[]{1,3,-1,5,-2};

现要创建一个新数组 newArray[],要求新数组中的元素是对原数组中的元素升序排列后所得。编程输出新数组中的元素,输出结果如图 4.14 所示。

图 4.14　数组排序

3．用键盘输入 10 个数，合法值为 1、2 或 3，不是这 3 个数则为非法数字。编程统计每个合法数字和非法数字的个数，输出结果如图 4.15 所示。

图 4.15　统计数字个数

第5章

类和对象

▶ 本章重点

- ※ 定义类和创建对象
- ※ 方法及方法重载
- ※ 构造方法及重载
- ※ 包的使用
- ※ 访问修饰符

▶ 本章目标

- ※ 方法重载
- ※ 封装的原理

本章任务

学习本章，需要完成以下 5 个工作任务。请记录学习过程中所遇到的问题，可以通过自己的努力或访问 kgc.cn 解决。

任务 1：定义和创建"人"类，并输出其信息

定义"人"类，并为"人"类添加属性和方法。创建人的对象，最后在控制台中输出。如图 5.1 所示为本任务的输出结果。

图 5.1　任务 1 的输出结果

任务 2：升级"人"类的功能

在任务 1 的基础之上，将"人"类的功能丰富，如图 5.2 所示为本任务的输出结果。

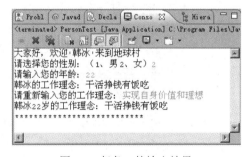

图 5.2　任务 2 的输出结果

任务 3：在控制台输出人员信息

当年龄输入不正确时，可以通过封装避免此类问题，如图 5.3 所示。

图 5.3　任务 3 的输出结果

任务 4：使用包的概念改进人员信息输出功能

使用包机制重新封装类文件，实现任务 3 的输出效果。

任务 5：在 Java 中使用访问修饰符

使用 Java 中的访问修饰符，理解访问修饰符的使用范围。

任务 1　定义和创建"人"类，并输出其信息

关键步骤如下：

➢　创建"人"类。

➢　根据"人"类抽象出属性和方法。

➢　创建"人"类的对象。

➢　使用对象为属性赋值并调用方法。

➢　输出信息。

5.1.1　类与对象

1. 面向对象

Java 语言是一种面向对象的语言。要使用 Java 进行面向对象的编程，首先要建立面向对象的思想。面向对象是一种直观而且程序结构简单的程序设计方法，它比较符合人类认识现实世界的思维方式。其基本思想是把问题看成是由若干个对象组成，这些对象之间是独立的，但又可以相互配合、连接和协调，从而共同完成整个程序要实现的任务和功能。

面向对象的三大特征：封装、继承和多态。

2. 对象

对象是用来描述客观事物的一个实体。用面向对象方法解决问题时，要对现实世界中的对象进行分析与归纳，找出哪些对象与要解决的问题是相关的。例如，奥迪跑车、宝马跑车、奔驰轿车、保时捷跑车，虽然这几个跑车都是对象。但是它们之间具有不同的特征。具体来讲就是品牌不同、价格不同、性能不同等。

3. 类

刚才的几个跑车对象之间具有一些共同的特征，如都有轮子、门等；还有一些共同的行为，即都能发动、都能加速、都能制动等，把这些共同的特征和共同的行为组织到一个单元中，就得到了类。

类是具有相同属性和方法的一组对象的集合。类定义了对象将会拥有的特征（属性）和行为（方法）。

类与对象的关系就如同模具和用这个模具制作出的物品之间的关系。一个类给出它的全部对象的一个统一的定义，而它的每个对象则是符合这种定义的一个实体。因此类和对象的关系就是抽象和具体的关系。类是多个对象进行综合抽象的结果，是实体对象的概念模型，而一个对象是一个类的实例。

5.1.2　定义类

面向对象设计的过程就是抽象的过程，一般分 3 步来完成。

（1）发现类，类定义了对象将会拥有的特征（属性）和行为（方法）。

（2）发现类的属性，对象所拥有的静态特征在类中表示时称为类的属性。

（3）发现类的方法，对象执行的操作称为类的方法。

1．定义类

首先定义任务 1 中的"人"类。

定义类的语法格式如下：

[访问修饰符] **class**　类名 {

// 省略类的内部具体代码

}

➢　访问修饰符如 public、private 等是可选的，其具体含义会在任务 5 中讲解。

➢　class 是声明类的关键字。

➢　按照命名规范，类名首字母大写。

➲ 示例 1

请定义一个"人"类。

关键代码：

```
public class Person{
    // 省略类的内部具体代码
}
```

2．属性

Java 中类的内部主要包含属性和方法。对象所拥有的特征在类中表示时称为类的属性。

定义属性的语法格式如下：

[访问修饰符] **数据类型** 属性名；

➢　访问修饰符是可选的。

➢　除了访问修饰符之外，其他的语法和声明变量类似。

➲ 示例 2

创建"人"类，并为"人"类添加相应属性。

分析：

人都有姓名、性别和年龄，因此这 3 个特征就可以称为"人"类的属性。

关键代码：

```
public class Person{              // 定义"人"类
  public String name;             // 姓名
  public String gender;           // 性别
  public int age;                 // 年龄
}
```

3. 方法

对象执行操作的行为称为类的方法。例如，人有工作的行为，因此"工作"就是"人"类的一个方法。

"人"类还有很多方法，如吃、喝、睡觉等。

定义方法的语法格式如下：

```
[ 访问修饰符 ] 返回类型 方法名称 ( 参数类型 参数名 1, 参数类型 参数名 2,……){
  //……省略方法体代码
}
```

➢　访问修饰符是可选的。

➢　返回类型可以是 void，在定义方法时，返回类型为 void 时表明没有返回值，方法体中不必使用"return"关键字返回具体数据，但是可以使用"return"关键字退出方法。

➢　返回类型如果不是"void"，那么在方法体中一定要使用"return"关键字返回对应类型的结果，否则程序会出现编译错误。

➢　小括号中的"参数类型 参数名 1, 参数类型 参数名 2,……"称为参数列表。

➢　当需要在方法执行的时候为方法传递参数时才需要参数列表，如果不需要传递参数就可以省略，不过小括号不可以省略，传递多个参数时，以半角的逗号进行分隔。

⊃ 示例 3

请在"人"类中定义方法，描述人工作的行为。

关键代码：

```
public class Person{              // 定义"人"类
  public String name;             // 姓名
  public String gender;           // 性别
  public int age;                 // 年龄
  // 工作的行为
  public void work(){
    System.out.println(this.name + " 的工作理念：干活挣钱有饭吃 ");
  }
}
```

5.1.3　创建和使用对象

1. 创建对象

类是一类事物的集合和抽象，代表这类事物共有的属性和行为。一个对象称为类的一个实例，是类一次实例化的结果。例如，"张三"是一个"人"类的具体对象。

类的对象可以调用类中的成员，如属性和方法等。

创建对象的语法格式如下：

类名 对象名 = **new 类名** ();

➢ new 是关键字。

➢ 左边的类名为对象的数据类型。

➢ 右边的类名 () 称为类的构造方法。

> 💬 **提示：**
>
> 构造方法会在本章后面的课程中讲解。

➲ 示例 4

请创建 Person 类的对象。

关键代码：

Person hanbing = new Person();

示例 4 的代码表示创建了 Person 类的一个对象，对象名是 hanbing。Person 是一个"人"类，而 hanbing 只是 Person 类的一个对象实例。

2．使用对象

在 Java 中，要引用对象的属性和方法，需要使用"."。

使用对象的语法格式如下：

```
对象名 . 属性        // 引用对象的属性
对象名 . 方法名 ()    // 引用对象的方法
```

➲ 示例 5

为示例 4 中的对象属性赋值并调用其方法。

关键代码：

```
public static void main(String[] args) {
    Person hanbing = new Person();      // 创建对象
    hanbing.name = " 韩冰 ";             // 为对象的 name 属性赋值
    hanbing.gender = " 女 ";            // 为对象的 gender 属性赋值
    hanbing.age = 22;                   // 为对象的 age 属性赋值
    hanbing.work();                     // 调用对象的 work 方法
}
```

输出结果如图 5.1 所示。

至此任务 1 完成。

面向对象的优点有如下几点。

➢ 与人类的思维习惯一致：面向对象的思维方式是从人类考虑问题的角度出发，把人类解决问题的思维过程转变为程序能够理解的过程。面向对象程序设计使用"类"来模拟现实世界中的抽象概念，用"对象"来模拟现实世界中的实体，从而用计算机解决现实问题。

- ➤ 信息隐藏，提高了程序的可维护性和安全性：封装实现了模块化和信息隐藏，即将类的属性和行为封装在类中，这保证了对它们的修改不会影响到其他对象，利于维护。同时，封装使得在对象外部不能随意访问对象的属性和方法，避免了外部错误对它的影响，提高了安全性。
- ➤ 提高了程序的可重用性：一个类可以创建多个对象实例，体现了重用性。

> 💬 **提示：**
>
> 继承和多态会在后续章节中讲解。

3. 对象数组

前面介绍了数组的知识，对象数组是在理解了数组的概念后，需要进一步学习的知识。

（1）回忆数组

💽 **示例 6**

定义包含 1、2、3、4、5 这 5 个元素的 int 数组，并使用 for 循环遍历输出。

关键代码：

```java
public class Test {
  public static void main(String[] args) {
    int[] arr = { 1, 2, 3, 4, 5 };
    for(int i = 0; i < arr.length; i++) {
      System.out.println(arr[i]);
    }
  }
}
```

输出结果如下所示：

```
1
2
3
4
5
```

这是之前介绍过的数组的定义和遍历。

下面看一下对象数组是如何定义和遍历的。

（2）对象数组

💽 **示例 7**

定义包含 3 个元素的对象数组，数据类型为 Person，并使用 for 循环遍历输出。

关键代码：

```java
public class Person{
    public int age;                        // 年龄
```

```
        public String name;                    // 姓名
        public Person(int age, String name) { // 两个参数的构造方法
                this.age = age;
                this.name = name;
        }
}
// 以上为 Person 类定义代码，以下为调用代码
public class Test {
    public static void main(String[] args) {
        Person[] person = { new Person(22, " 韩冰 "), new Person(23, " 刘顿 "),
                new Person(24, " 马达 ") };
        for(int i = 0; i < person.length; i++) {
            System.out.println("age 属性等于 "+person[i].age + "，" +
                    "name 属性等于 "+person[i].name);
        }
    }
}
```

输出结果如下所示：

age 属性等于 22，name 属性等于韩冰

age 属性等于 23，name 属性等于刘顿

age 属性等于 24，name 属性等于马达

对象数组并不难理解，其实对象数组的数据类型就是具体的类名，对象数组内存储的就是这个类的对象，每个数组元素就是一个对象，当根据下标找到某个元素时，可以按照对象的使用方法来使用该元素。

任务 2 ▍ 升级 "人" 类的功能

关键步骤如下：

➢ 创建 "人" 类对象。

➢ 使用带参数的成员方法和成员变量。

➢ 使用方法重载定义工作的方法。

5.2.1 成员方法

类成员主要包含两部分：成员方法和成员变量。

1. 带参数的方法

任务 1 中学习了无参方法，在实际应用中经常使用带参数或有返回值的方法。

➲ 示例 8

每个人都有不同的工作理念，在 Person 类中定义工作的方法，并通过参数接收工

作理念。

分析：

带参数的 work() 方法可以接受用户输入的内容。创建 work() 方法时定义的参数叫作形式参数，简称形参。调用方法时传入的参数叫作实际参数，简称实参。

关键代码：

```java
public class Person{                    // 定义 "人" 类
  public String name;                   // 姓名
  public String gender;                 // 性别
  public int age;                       // 年龄
  // 无参数的工作方法
  public void work(){
    System.out.println(this.name + " 的工作理念：干活挣钱有饭吃 ");
  }
  // 带参数的工作方法
  public void work(String contect) {
    System.out.println(this.name + " 的工作理念： " + contect);
  }
}
```

⊃ 示例9

请在 Person 类中定义工作的方法，并返回工作理念。

分析：

work() 方法要求返回工作理念，可以定义其返回类型为 String。

关键代码：

```java
public class Person{                       // 定义 "人" 类
  public String name;                      // 姓名
  public String gender;                    // 性别
  public int age;                          // 年龄
  // 有返回值的无参方法
  public String work(){
    return " 实现自身价值和理想！ ";
  }
}
// 以上为 Person 类定义代码，以下为调用代码
public class PersonTest {
  public static void main(String[] args) {
    Person hanbing =new Person();
    hanbing.name=" 韩冰 ";
    hanbing.gender=" 女 ";
    hanbing.age=22;
    String contect = hanbing.work();         // 将 work() 方法的返回值赋值给变量 contect
    System.out.println(hanbing.name + " 的工作理念： " + contect);
  }
}
```

输出结果如下所示：

韩冰的工作理念：实现自身价值和理想！

2. 方法重载

（1）方法重载的定义

方法重载是指在一个类中定义多个同名的方法，但要求每个方法具有不同的参数类型或参数个数。

⊃ 示例 10

请定义一个不带参数的 work() 方法，再定义一个带参数的 work() 方法，然后观察二者之间的区别。

关键代码：

```java
public class Person{              //定义"人"类
  public String name;             //姓名
  public String gender;           //性别
  public int age;                 //年龄
  //无参数的工作方法
  public void work(){
    System.out.println(this.name + " 的工作理念：干活挣钱有饭吃 ");
  }
  //带参数的工作方法
  public void work(String contect) {
    System.out.println(this.name + " 的工作理念：" + contect);
  }
}
```

（2）方法重载的特点

➤ 在同一个类中。

➤ 方法名相同。

➤ 参数的个数或类型不同。

➤ 方法的返回值不能作为判断方法之间是否构成重载的依据。

（3）方法重载的使用

方法重载定义之后，通过对象调用时该如何选择呢？

⊃ 示例 11

调用工作的方法。

分析：

当 work() 方法形成方法重载后，hanbing 对象后面使用"."时，会出现如图 5.4 所示的提示有两个 work() 方法可供选择，且在弹出的代码智能提示中给出返回类型和参数的信息，使用"↑"和"↓"键或者单击，都可以选择所要使用的方法。

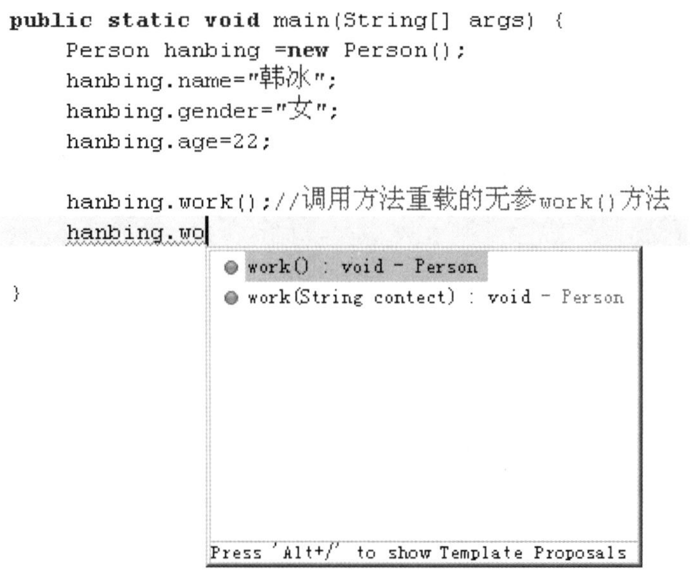

```
public static void main(String[] args) {
    Person hanbing = new Person();
    hanbing.name="韩冰";
    hanbing.gender="女";
    hanbing.age=22;

    hanbing.work();//调用方法重载的无参work()方法
    hanbing.wo
```

work() : void - Person
work(String contect) : void - Person

Press 'Alt+/' to show Template Proposals

图 5.4　代码智能提示

关键代码：

//……省略 Person 类定义的代码

```
public class PersonTest {
  public static void main(String[] args) {
    Person hanbing = new Person();
    hanbing.name=" 韩冰 ";
    hanbing.gender=" 女 ";
    hanbing.age=22;
    hanbing.work();                        // 调用无参方法
    hanbing.work(" 实现自身价值和理想 ");      // 调用重载的有参方法
  }
}
```

输出结果如下所示：

韩冰的工作理念：干活挣钱有饭吃

韩冰的工作理念：实现自身价值和理想

（4）方法重载的优点

方法重载其实是对原有方法的一种升级，可以根据参数的不同，采用不同的实现方法，而且不需要编写多个名称，简化了类调用方的代码。

5.2.2　成员变量

1. 成员变量作用域

类中的属性，也就是直接在类中定义的变量称作成员变量，它定义在方法的外部。

在下面的代码中，Person 类中的 name、gender 既不属于 eat() 方法，也不属于

work() 方法，而属于 Person 类本身的属性，它们是 Person 类的成员变量。

关键代码：

```java
public class Person {
  public String name;                // 姓名
  public String gender;              // 性别
  public int age;                    // 年龄
  public void eat(String name) {
    System.out.println(this.name + " 邀请 " + name + " 共进晚餐 ");
  }
  public void work() {
    int age = 18;
    System.out.println(this.name + age + " 岁的工作理念：干活挣钱有饭吃 ");
  }
  public void work(String contect) {
    System.out.println(this.name + " 的工作理念：" + contect);
  }
  public void showDetails() {
    System.out.println(" 姓名是：" + this. name + "，性别为：" + this.gender + "，年龄是：" + this.age);
  }
}
```

💬 提示：

　　成员变量可以在声明时赋初始值。

2. 局部变量作用域

局部变量就是定义在方法中的变量。

分析：

work() 方法中的变量 age 就是局部变量。

💬 提示：

　　虽然成员变量age和局部变量age的名称一样，但表示的却不是同一个变量。一般情况下，局部变量在使用前需要赋值，否则会编译出错。

3. 成员变量和局部变量的区别

总的来说，使用成员变量和局部变量时需要注意以下几点。

➢ 　作用域不同。局部变量的作用域仅限于定义它的方法，在该方法外无法访问它。成员变量的作用域在整个类内部都是可见的，所有成员方法都可以使用它，如果访问权限允许，还可以在类外部使用成员变量。

➢ 　初始值不同。对于成员变量，如果在类定义中没有给它赋予初始值，Java 会

给它一个默认值，基本数据类型的值为 0，引用类型的值为 null。但是 Java
不会给局部变量赋予初始值，因此局部变量必须要定义并赋值后再使用。

➤ 在同一个方法中，不允许有同名的局部变量。在不同的方法中，可以有同名
的局部变量。

➤ 局部变量可以和成员变量同名，并且在使用时，局部变量具有更高的优先级。

4. 数据类型

在 Java 中，变量的类型分为两种：一种是前面章节中介绍过的基本数据类型，还
有一种数据类型叫作引用数据类型。

Java 中的引用数据类型包括 3 种：类、数组和接口。接口的内容会在后续的章节
中讲解。

⊃ 示例 12

对比基本数据类型和引用数据类型的区别。

关键代码：

```
public class Person{
  public int age;
}
// 以上为 Person 类定义代码，以下为调用代码
public class Test {
  public static void main(String[] args) {
    // 基本数据类型
    int num1 = 11;
    int num2 = num1;
    System.out.println("num1 等于: "+num1);
    num2 = 22;
    System.out.println(" 把 num1 赋给 num2 后，修改 num2 的值，" +
        "num1 等于: "+num1);
    System.out.println("***************************" +
        "********************");
    // 引用数据类型
    Person person1 = new Person();
    person1.age=11;
    Person person2 = person1;
    System.out.println("person1.age 等于: "+person1.age);
    person2.age=22;
    System.out.println(" 把 person1 对象赋给 person2 对象后，修改 person2 的 age 属性，
    " +"person1.age 等于: "+person1.age);
    System.out.println("***************************" +"****************");
  }
}
```

分析：

int 为基本数据类型，当初始化 num1 并赋值后，将 num1 赋给 num2，然后修改

num2 的值，运行后发现 num1 的值没变。

class 为引用数据类型，当实例化 person1 对象并对其属性赋值后，将 person1 对象赋给 person2 对象，然后修改 person2 的值，运行后发现 person1 的属性值发生了变化。

几乎同样的操作，为什么会有完全相反的结果呢？这是因为 int 和 class 在内存中的存储方式不同，这也是基本数据类型和引用数据类型的主要区别。

对于基本数据类型，不同的变量会分配不同的存储空间，并且存储空间中存储的是该变量的值。赋值操作传递的是变量的值，改变一个变量的值不会影响另一个变量的值。

对于引用数据类型，赋值是把原对象的引用（可理解为内存地址）传递给另一个引用。对数组而言，当用一个数组名直接给另一个数组名赋值时，相当于传递了一个引用，此时，这两个引用指向同一个数组，也就是指向同一内存空间。

同理，基本数据类型和引用数据类型在传递参数时，同样会有这样的区别。

5.2.3 构造方法

Java 中，当类创建一个对象时会自动调用该类的构造方法，构造方法分为默认构造方法和带参数的构造方法。

1. 构造方法的定义

构造方法的主要作用是进行一些数据的初始化。

定义构造方法的语法格式如下：

```
[ 访问修饰符 ] 方法名 ([ 参数列表 ]){
    //……省略方法体的代码
}
```

➢ 构造方法没有返回值。

➢ 默认构造方法没有参数，因此参数列表可选。

➢ 构造方法的方法名与类名相同。

⊃ 示例 13

请为 Person 类定义一个构造方法。

关键代码：

```
public class Person{
public string name;
  public Person(){
      this.name =" 韩冰 ";
  }
}
```

分析：

示例 13 所示的 Person 的构造方法的作用是当有 Person 类的对象创建时，将这个对象的 name 属性设置为"韩冰"。

当开发人员没有编写自定义构造方法时，Java 会自动添加默认构造方法，默认构造方法没有参数。

 注意：

　　如果自定义了一个或多个构造方法，则 Java 不会自动添加默认构造方法。

2. 构造方法重载

前面介绍了方法重载，构造方法同样也可以重载，即在同一个类中可以定义多个重载的构造方法。

示例 14

请使用构造方法重载和一般方法重载等技术实现信息的输出。

关键代码：

```java
public class Person {
  public String name;                      // 姓名
  public String gender;                    // 性别
  public int age;                          // 年龄
  public Person(){
    this.name = " 韩冰 ";                   // 无参构造方法
  }
  public Person(String name){
    this.name = name;                      // 带参构造方法
  }
  public void work() {
    System.out.println(this.name + " 的工作理念：干活挣钱有饭吃 ");
  }
  public void work(String contect) {
    int age = this.age;
    System.out.println(this.name + age + " 岁的工作理念：干活挣钱有饭吃 ");
  }
}
// 以上为 Person 类定义代码，以下为调用代码
public static void main(String[] args) {
  Person guest = new Person(" 韩冰 ");                 // 选择 Person 的带参构造方法创建对象
  System.out.println(" 大家好，欢迎 '" + guest.name + "' 来到地球村 ");
  Scanner input = new Scanner(System.in);
  System.out.print(" 请选择您的性别：（1、男 2、女）");
  switch(input.nextInt()) {
    case 1:
      guest.gender = " 男 ";               // 为对象的性别赋值
      break;
    case 2:
      guest.gender = " 女 ";               // 为对象的性别赋值
```

```
        break;
      default:
        System.out.println(" 操作错误 ");
        return;
    }
    System.out.print(" 请输入您的年龄：");
    guest.age=input.nextInt();                  // 为对象的年龄赋值
    guest.work();                               // 调用无参 work( ) 方法
    System.out.print(" 请重新输入您的工作理念：");
    String contect=input.next();
    guest.work(contect);                        // 调用有参 work( ) 方法
    System.out.println("************************");
  }
```

输出结果如图 5.2 所示。

至此任务 2 完成。

在成员变量的示例中多次用到了 this 关键字，this 是什么含义呢？它还有什么其他的用法呢？

this 关键字是对一个对象的默认引用。每个实例方法内部都有一个 this 引用变量，指向调用这个方法的对象。

this 使用举例如下。

（1）使用 this 调用成员变量，解决成员变量和局部变量的同名冲突。

```
public void setName(String name) {
  this.name = name;      // 成员变量和局部变量同名，必须使用 this
}
public void setName(String  xm) {
  name = xm;             // 成员变量和局部变量不同名，this 可以省略
}
```

（2）使用 this 调用成员方法。

```
public void play(int n) {
  health = health - n;
  this.print();          //this 可以省略，直接调用 print( ) 方法
}
```

（3）使用 this 调用重载的构造方法，只能在构造方法中使用，且必须是构造方法的第一条语句。

```
public Penguin(String name, String sex) {
  this.name = name;
  this.sex = sex;
}
public Penguin(String name, int health, int love, String sex) {
  this(name,sex);                    // 调用重载的构造方法
  this.health = health;
  this.love = love;
}
```

> 💬 **提示：**
>
> 因为 this 是在对象内部指代自身的引用，所以 this 只能调用实例变量、实例方法和构造方法。this 不能调用类变量和类方法，this 也不能调用局部变量。

任务 3　在控制台输出人员信息

关键步骤如下：

➢ 将 Person 类的属性私有化。

➢ 为私有属性添加 setter/getter() 方法。

➢ 设置必要的读取限制。

5.3.1　封装概述

Java 中封装的实质就是将类的状态信息隐藏在类内部，不允许外部程序直接访问，而是通过该类提供的方法来实现对隐藏信息的操作和访问。

封装反映了事物的相对独立性，有效避免了外部错误对此对象的影响，并且能对对象使用者由于大意产生的错误操作起到预防作用。同样面向对象编程提倡对象之间实现松耦合关系。

封装的好处在于隐藏类的实现细节，让使用者只能通过程序员规定的方法来访问数据，可以方便地加入存取控制修饰符，来限制不合理操作。

> 💬 **提示：**
>
> 松耦合就是指尽量减少对象之间的关联性，以降低它们之间的复杂性和依赖性。

5.3.2　封装的步骤

1. 修改属性的可见性

将 Person 类中的属性由 public 修改为 private 即可。

⊃ **示例 15**

请将 Person 类的属性私有化。

关键代码：

```
public class Person {
```

```
    private String name;                    // 姓名
    private String gender;                  // 性别
    private int age;                        // 年龄
}
```

分析：

将 public 修改为 private 后，其他类就无法访问了，如果访问则需要进行封装的第二步。

2．设置 setter/getter() 方法

可以手动添加 setter/getter() 方法，也可以使用快捷键 Ctrl+Shift+S 由系统添加。

⊃ 示例 16

请为 Person 类中的私有属性添加 setter/getter() 方法。

关键代码：

```
public class PrivatePerson {
    private String name;                    // 姓名
    private String gender;                  // 性别
    private int age;                        // 年龄

    public String getName() {
        return name;
    }
    public void setName(String name) {
        this.name = name;
    }
    public String getGender() {
        return gender;
    }
    public void setGender(String gender) {
        this.gender = gender;
    }
    public int getAge() {
        return age;
    }
    public void setAge(int age) {
        this.age = age;
    }
}
```

3．设置属性的存取限制

此时，还没有对属性值设置合法性检查，需要在 setter 方法中进一步利用条件判断语句进行赋值限制。

⊃ 示例 17

请为 setter 方法设置限制。

关键代码：

```java
public class Person {

  private String name;                    // 姓名
  private String gender;                   // 性别
  private int age;                         // 年龄

  public String getName() {
    return name;
  }
  public void setName(String name) {
    this.name = name;
  }
  public String getGender() {
    return gender;
  }
  public void setGender(String gender) {
    if(gender.equals(" 男 ") || gender.equals(" 女 ")){
      this.gender = gender;
    }else{
      System.out.println("*** 性别不合法 !***");
    }
  }
  public int getAge() {
    return age;
  }
  public void setAge(int age) {
    if(age<0 || age>150){
      System.out.println("*** 输入的年龄为："+age+"，该年龄不合法，将重置 !***");
      return;
    }
    this.age = age;
  }

  // 构造方法
  public Person() {
    this.name = " 无名氏 ";
    this.gender = " 男 ";
    this.age = 18;
  }
  public Person(String name, String gender, int age) {
    this.name = name;
    this.gender = gender;
    this.age = age;
  }
```

```
    // 方法：自我介绍
    public void say() {
        System.out.println(" 自我介绍一下 \r\n 姓名： " + this.name + "\r\n 性别： "
            + this.gender + "\r\n 年龄： " + this.age + " 岁 ");
    }
}
// 以上为 Person 类定义代码，以下为调用代码
public static void main(String[] args) {
    Person hanbing=new Person();

    hanbing.setName(" 韩冰 ");
    hanbing.setAge(221);
    hanbing.setGender(" 中性 ");

    hanbing.say();
}
```

输出结果如图 5.3 所示。

通过在 setter 方法中设置限制，避免了性别和年龄的误操作输入问题，这就是一个封装的典型实例。至此任务 3 完成。

任务 4　使用包的概念改进人员信息输出功能

关键步骤如下：

➢　新建包。

➢　将定义好的类分别放入不同的包中。

➢　导入包。

5.4.1　包的作用

Java 中的包机制也是封装的一种形式。

包主要有以下 3 个方面的作用。

➢　包允许将类组合成较小的单元（类似文件夹），易于找到和使用相应的类文件。

➢　防止命名冲突：Java 中只有在不同包中的类才能重名。不同的程序员命名同名的类在所难免。有了包，类名就容易管理了。A 定义了一个类 Sort，封装在包 A 中，B 定义了一个类 Sort，封装在包 B 中。在使用时，为了区别 A 和 B 分别定义的 Sort 类，可以通过包名区分开，如 A.Sort 和 B.Sort 分别对应于 A 和 B 定义的 Sort 类。

➢　包允许在更广的范围内保护类、数据和方法。根据访问规则，包外的代码有可能不能访问该类。

5.4.2 包的定义

定义包的语法格式如下：

package 包名；

➢ package 是关键字。

➢ 包的声明必须是 Java 源文件中的第一条非注释性语句，而且一个源文件只能
有一个包声明语句，设计的包需要与文件系统结构相对应。因此，在命名包时，
要遵守以下编码规范。

◆ 一个唯一的包名前缀通常是全部小写的 ASCII 字母，并且是一个顶级
域名 com、edu、gov、net 及 org，通常使用组织的网络域名的逆序。例
如，如果域名为 javagroup.net，可以声明包为"package net.javagroup.
mypackage;"。

◆ 包名的后续部分依不同机构各自内部的规范不同而不同。这类命名规范
可能以特定目录名的组成来区分部门、项目、机器或注册名，如"package
net.javagroup.research. powerproject;"。

项目名   部门名

例如，下面的代码中，为 Person 类定义了包 cn.kgc.pack1。

package cn.kgc.pack1;

public class Person {
  //……省略类的内部代码
}

5.4.3 包的使用

⊃ 示例 18

请使用包将 Person 类和 PersonTest 类进行分类。

关键代码：

```
// 将 Person 类放入 pack1 包中
package cn.kgc.pack1;

public class Person {
  private String name;        // 姓名
  private String gender;      // 性别
  private int age;            // 年龄
  // 方法：自我介绍
  public void say() {
    System.out.println(" 自我介绍一下 \r\n 姓名： " + this.name + "\r\n 性别： "
        + this.gender + "\r\n 年龄： " + this.age + " 岁 ");
  }
```

```
    //……省略类中其他代码
    }
// 将 PersonTest 类放入 pack2 包中
// 使用 Person 类时，需要使用 import 语句将其导入
package cn.kgc.pack2;
import cn.kgc.pack1.Person;
public class PersonTest {
    public static void main(String[] args){
        Person hanbing=new Person();
        hanbing.setName(" 韩冰 ");
        hanbing.setAge(22);
        hanbing.setGender(" 女 ");
        hanbing.say();
    }
}
```

输出结果如下所示：

自我介绍一下
姓名：韩冰
性别：女
年龄：22 岁

> 💬 **提示：**
> ①声明包的含义是声明当前类所处的包。
> ②导入包的含义是声明在当前类中要使用到的其他类所处的包。

任务 5　在 Java 中使用访问修饰符

关键步骤如下：

➤　使用访问修饰符修饰类。

➤　使用访问修饰符修饰类成员。

5.5.1　类和类成员的访问控制

包实际上是一种访问控制机制，通过包来限制和制约类之间的访问关系。访问修饰符也同样可以限制和制约类之间的访问关系。

1．类的访问修饰符

Java 中类的访问修饰符如表 5-1 所示。

表 5-1　Java 中类的访问修饰符

修饰符＼作用域	同一包中	非同一包中
public	可以使用	可以使用
默认修饰符	可以使用	不可以使用

2. 类成员的访问修饰符

Java 中类成员的访问修饰符如表 5-2 所示。

表 5-2　Java 中类成员的访问修饰符

修饰符＼作用域	同一类中	同一包中	子类中	其他地方
private	可以使用	不可以使用	不可以使用	不可以使用
默认修饰符	可以使用	可以使用	不可以使用	不可以使用
protected	可以使用	可以使用	可以使用	不可以使用
public	可以使用	可以使用	可以使用	可以使用

5.5.2　static 关键字

一个类可以被创建 n 个对象。如果 n 个对象中的某些数据需要共用，就需要使用 static 关键字修饰这些数据。

Java 中，一般情况下调用类的成员都需要先创建类的对象，然后通过对象进行调用。使用 static 关键字可以实现通过类名加 "." 直接调用类的成员，不需要创建类的对象。使用 static 修饰的属性和方法属于类，不属于具体的某个对象。

1. 用 static 关键字修饰属性

用 static 修饰的属性称为静态变量或者类变量，没有使用 static 修饰的属性称为实例变量。

➲ 示例 19

将 Person 类的 name、gender 和 age 属性保留，新建一个 static 修饰的属性，并调用。

分析：

使用 static 修饰的属性不依赖于任何对象，用类名直接加 "." 调用即可。

实现步骤：

（1）创建 Person 的对象。

（2）分别调用 name、gender 和 age 属性。

（3）用 static 修饰的属性采用类名加 "." 的方法调用。

关键代码：

```
public Person{
    public String name;
    public String gender;
    public static int age;
    public static int PERSON_LIVE;              // 人的生命只有一次
    //……以下代码省略
}
// 以上为 Person 类定义代码，以下为调用代码
//……省略代码
Person hanbing = new Person();
hanbing.name = " 韩冰 ";
hanbing.gender = " 女 ";
hanbing.age = 22;
Person.PERSON_LIVE = 1;
//……省略代码
```

在实际开发中，用 static 关键字修饰属性的最常用场景就是定义使用 final 关键字修饰的常量。使用 final 关键字修饰的常量在整个程序运行时都不能被改变，和具体的对象没有关系，因此使用 static 修饰，如 "static final int PERSON_LIVE = 1;"。

 注意：

①常量名一般由大写字母组成。

②声明常量时一定要赋初值。

2. 用 static 关键字修饰方法

用 static 修饰的方法称为静态方法或者类方法，不用 static 关键字修饰的方法称为实例方法。

➲ 示例 20

将 Person 中的 showDetails() 方法使用 static 关键字修饰，并调用。

分析：

使用 static 修饰的方法不依赖于任何对象，用类名直接加 "." 调用即可。

实现步骤：

（1）创建 Person 的对象。

（2）用 static 修饰的 showDetails() 方法采用类名加 "." 的方法调用。

关键代码：

```
public Person{
    public String name;
    public String gender;
    public static int age;
    public static void showDetails(String name,String gender,int age) {
```

```
        System.out.println(" 姓名是： " + name + "，性别为： " + gender + "，年龄是： " + age);
    }
}
// 以上为 Person 类定义代码，以下为调用代码
public class PersonTest {
    public static void main(String[] args) {
        Person liudun =new Person();
        Person.showDetails(" 刘顿 ", " 男 ", 23);              // 调用静态方法
    }
}
```

输出结果如下所示：

姓名是：刘顿，性别为：男，年龄是：23

> **提示：**
> ①在静态方法中不能直接访问实例变量和实例方法。
> ②在实例方法中可以直接调用类中定义的静态变量和静态方法。

本章总结

本章介绍了以下知识点：

- 了解了类和对象，也学习了如何定义类、创建对象和使用对象。
- 面向对象的优点：与人类的思维习惯一致，封装使信息隐藏，提高了程序的可维护性和安全性，一个类可以创建多个对象实例，体现了重用性。
- 对象用来描述客观事物的一个实体，由一组属性和方法构成。
- 类是具有相同属性和方法的一组对象的集合。
- 使用类的步骤是，使用 class 定义类、使用 new 关键字创建类的对象、使用 "." 访问类的属性和方法。
- 如果同一个类中包含了两个或两个以上方法，它们的方法名相同，方法参数列表不同，则称为方法重载。
- 构造方法用于创建类的对象。构造方法的作用主要就是在创建对象时执行一些初始化操作。可以通过构造方法重载来实现多种初始化行为。
- 封装的好处在于隐藏类的实现细节，让使用者只能通过程序员规定的方法来访问数据，可以方便地加入存取控制修饰符，以限制不合理操作。
- Java 中提供包来管理类。创建包使用关键字 package，导入包使用关键字 import。
- Java 中包含类的访问修饰符和类成员的访问修饰符，其作用域不同。
- static 关键字修饰的属性和方法，不属于具体的对象，采用类名加 "." 方法即可直接访问。

本章练习

1. 代码阅读：给定如下 Java 代码，编译运行后，输出结果是什么？请解释原因。

```java
public class MobilPhone{
  public String brand;
  public MobilPhone(){
    this.brand=" 诺基亚 ";
  }
  public MobilPhone(String bra){
    this.brand=bra;
  }
  public String buy(){
    return " 没发工资，买一个 " + brand + " 牌子的手机吧！ ";
  }
  public String buy(String reason){
    return reason + "，快买一个 " + brand + " 牌子的手机吧！ ";
  }
}
// 以上为 MobilPhone 类定义代码，以下为调用的代码
public class MobilPhoneTest {
  public static void main(String[] args){
    MobilPhone mp = new MobilPhone();
    mp.brand=" 苹果 ";                          // 发工资了，修改品牌属性
    String detail=mp.buy(" 发工资啦 ");           // 发工资了，调用带参数的构造方法
    System.out.println(detail);
  }
}
```

2. 模拟一个简单的购房商贷月供计算器，假设按照以下公式计算出总利息和每月还款金额：

总利息 = 贷款金额 × 利率

每月还款金额 =(贷款金额 + 总利息)/ 贷款年限

贷款年限不同利率也不同，这里规定只有如表 5-3 所示的 3 种年限、利率。

表 5-3　3 种年限和利率

年限	利率
3 年（36 个月）	6.03%
5 年（60 个月）	6.12%
20 年（240 个月）	6.39%

要求根据输入的贷款金额和年限，计算出每月的月供。输出结果如图 5.5 所示。

图 5.5 练习 2 的输出结果

提示：

定义方法 loan( )，参考如下：

```java
public double loan(double loan,int yearchoice) {
    // 实现返回运算结果
}
```

3．根据三角形的 3 条边长，判断其是直角、钝角，还是锐角三角形。程序的功能要求如下。

（1）先输入三角形 3 条边的边长。

（2）判断能否构成三角形，构成三角形的条件是"任意两边之和大于第三边"，如果不能构成三角形，则提示"不是三角形！"。

（3）如果能构成三角形，判断三角形是何种三角形。如果三角形的任意一条边的平方等于其他两条边平方的和，则为直角三角形；如果任意一条边的平方大于其他两条边平方的和，则为钝角三角形；否则，为锐角三角形。

输出结果如图 5.6 所示。

图 5.6 练习 3 的输出结果

💬 提示：

定义方法 isTriangle( )，判断是否能构成三角形：

```
public boolean isTriangle(int a,int b,int c){
    boolean flag=false;
        // 判断是否能构成三角形
        return flag;
}
```

定义方法 shape()，判断构成何种三角形：

```
public String shape(int a,int b,int c){
    String shape="»»";
    // 判断构成何种三角形
    return shape;
}
```

第6章

继承和多态

▶ 本章重点

- ※ 继承的实现
- ※ 子类实例化
- ※ 方法重写

▶ 本章目标

- ※ 方法重写
- ※ 向上转型
- ※ 向下转型
- ※ 多态的应用

📖 本章任务

学习本章，需要完成以下 3 个工作任务。请记录学习过程中所遇到的问题，可以通过自己的努力或访问 kgc.cn 解决。

任务 1：使用继承重新定义部门类

对 8 个不同的部门类进行抽象操作，将重复代码抽象为一个被继承的部门类。

任务 2：使用继承和重写完善部门信息输出

在任务 1 的基础之上，调用父类方法输出信息的同时，使用方法重写输出部门子类中的完整信息。

任务 3：输出医生给宠物看病的过程

使用向上转型、向下转型等知识点，完成医生给多个宠物看病的功能，并且配合 instanceof 运算符避免程序出现类型转换的错误。最后，学习多态在编程中的一般应用方式。

任务 1 使用继承重新定义部门类

关键步骤如下：

➤ 收集类中的公共部分。

➤ 将公共部分抽象成新的类。

6.1.1 继承的作用

继承是面向对象的三大特性之一，继承可以解决编程中代码冗余的问题，是实现代码重用的重要手段之一。继承是软件可重用性的一种表现，新类可以在不增加自身代码的情况下，通过从现有的类中继承其属性和方法，来充实自身内容，这种现象或行为就称为继承。此时新类称为子类，现有的类称为父类。继承最基本的作用就是使得代码可重用，增加软件的可扩充性。

Java 中只支持单继承，即每个类只能有一个直接父类。

继承表达的是"××is a××"的关系，或者说是一种特殊和一般的关系，如 Dog is a Pet。同样可以让"学生"继承"人"，让"苹果"继承"水果"，让"三角形"继承"几何图形"等。

继承的语法格式如下：

[访问修饰符] class <SubClass> extends <SuperClass>{

}

- ➢ 在 Java 中，继承通过 extends 关键字实现，其中 SubClass 称为子类，SuperClass 称为父类或基类。
- ➢ 访问修饰符如果是 public，那么该类在整个项目中可见。
- ➢ 若不写访问修饰符，则该类只在当前包中可见。
- ➢ 在 Java 中，子类可以从父类中继承以下内容：
  - ◆ 可以继承 public 和 protected 修饰的属性和方法，不论子类和父类是否在同一个包里。
  - ◆ 可以继承默认访问修饰符修饰的属性和方法，但是子类和父类必须在同一个包里。
  - ◆ 无法继承父类的构造方法。

6.1.2　使用继承定义部门类

若使用面向对象编写部门类，目前共有 8 个部门，需要定义 8 个类，各个部门有很多共同属性，导致很多代码都是一样的，只有很少一部分不一样，如果使用继承，就可以对相同的代码实现重用，提高工作效率。

⊃ 示例 1

请使用继承，将 8 个部门类中相同的代码抽取成一个"部门类"。

关键代码：

```java
// 父类为 Department
public class Department {
  private int ID;                                    // 部门编号
  private String name=" 待定 ";                       // 部门名称
  private int amount=0;                              // 部门人数
  private String responsibility=" 待定 ";             // 部门职责
  private String manager=" 无名氏 ";                   // 部门经理

  public Department(){
   // 无参构造方法
  }
  public Department(String name,String manager,String responsibility){
   // 带参构造方法
   this.name=name;
   this.manager=manager;
   this.responsibility=responsibility;
  }
  public int getID() {
   return ID;
  }
  public void setID(int id) {
   this.ID = id;
```

```
    }
    //······省略其他 setter\getter 的代码
    public void printDetail() {
        System.out.println(" 部门 :" + this.name + "\n 经理： " + this.manager + "\n
        部门职责："+this.responsibility+ "\n***************");
    }
}
```

示例 1 的代码中将 8 个不同的部门子类的公共部分抽取成 Department 类，然后 8 个子类分别继承这个父类，就可以省去很多冗余的代码。至此，任务 1 已基本完成。

任务2　使用继承和重写完善部门信息输出

关键步骤如下：

➢　使用 extends 关键字建立继承关系。

➢　使用 super 关键字调用父类成员。

➢　使用方法重写，重写父类中的方法，输出子类中自身的信息。

6.2.1　使用继承和重写实现部门类及子类

前面已经定义了 Department 类，下面使用继承定义人事部类、研发部类。

1. 使用继承定义部门类及子类

6.1.1 节中列出了继承的语法，下面通过一个示例来进一步了解和使用继承。

示例 1 中定义了 Department 类，将该类作为父类，把其他类作为子类，实现继承。

⊃ 示例 2

把人事部类、研发部类作为子类，继承 Department 类。

关键代码：

```
public class PersonelDept extends Department {
    // 人事部
    private int count;// 本月计划招聘人数
    public PersonelDept(String name,String manager,String responsibility,int count){
        super(name,manager, responsibility);
        this.count=count;
    }
    public int getCount() {
        return count;
    }
    public void setCount(int count){
        this.count = count;
    }
}
```

// 以上代码为人事部类继承 Department 类，以下代码为研发部类继承 Department 类

```
public class ResearchDept extends Department {
  // 研发部
  private String speciality;           // 研发方向
  public ResearchDept(String name,String manager,String responsibility,String speciality){
    super(name,manager, responsibility);
    this.speciality=speciality;
  }
  public ResearchDept(String speciality){
    super();                           // 默认调用父类的无参构造方法
    this.speciality=speciality;
  }
  public String getSpeciality() {
    return speciality;
  }
  public void setSpeciality(String speciality) {
    this.speciality = speciality;
  }
}
```

通过示例 2 可以看到，抽取父类 Department 后，子类中保留的代码都专属于该子类，和其他子类之间没有重复的内容。

2. 使用 super 关键字调用父类成员

当需要在子类中调用父类的构造方法时，可以如示例 2 中的代码那样使用 super 关键字调用。

当函数参数或函数中的局部变量和成员变量同名时，成员变量会被屏蔽，此时若要访问成员变量则需要用"this. 成员变量名"的方式来引用成员变量。super 关键字和 this 关键字的作用类似，都是将被屏蔽了的成员变量、成员方法变得可见、可用，也就是说，用来引用被屏蔽的成员变量或成员方法。不过，super 是用在子类中，目的只有一个，就是访问直接父类中被屏蔽的内容，进一步提高代码的重用性和灵活性。super 关键字不仅可以访问父类的构造方法，还可以访问父类的成员，包括父类的属性、一般方法等。

通过 super 访问父类成员的语法格式如下。

访问父类构造方法：super(参数)

访问父类属性 / 方法：super.< 父类属性 / 方法 >

➢　super 只能出现在子类（子类的方法和构造方法）中，而不是其他位置。

➢　super 用于访问父类的成员，如父类的属性、方法、构造方法。

➢　具有访问权限的限制，如无法通过 super 访问父类的 private 成员。

● 示例 3

在人事部类中使用 super 关键字调用 Department 类中的方法。

分析：

抽取人事部类、研发部类的公共属性和方法等。

关键代码：

```java
// 父类：Department
public class Department {
    public Department(String name,String manager,String responsibility){
        this.name=name;
        this.manager=manager;
        this.responsibility=responsibility;
    }
    //……省略父类的属性、setter/getter( ) 方法等代码 , 完整代码请参考示例 1
    public void printDetail() {
        System.out.println(" 部门 :" + this.name + "\n 经理： " + this.manager + "\n
                部门职责： "+this.responsibility+ "\n***************");
    }
}


// 以上为父类 Department 部分代码，以下为人事部类部分代码

public class PersonelDept extends Department {
    private int count;// 本月计划招聘人数
    //……省略父类的属性、setter/getter( ) 方法等代码
    public PersonelDept(String name,String manager,String responsibility,int
            count){
        super(name,manager, responsibility);                //super 调用父类构造方法
        this.count=count;
    }
}
// 以上为父类与子类部分代码，以下为调用类部分代码

public static void main(String[] args){
    PersonelDept pd=new PersonelDept(" 人事部 "," 王经理 "," 负责公司的人才招聘和培训。",10);
    pd.printDetail();
}
```

输出结果如下所示：

部门：人事部

经理：王经理

部门职责：负责公司的人才招聘和培训。

****

3. 实例化子类对象

在 Java 中，一个类的构造方法在如下两种情况下总是会被执行：

➢ 创建该类的对象（实例化）。

➢ 创建该类的子类的对象（子类的实例化）。

因此，子类在实例化时，会首先执行其父类的构造方法，然后才执行子类的构造方法。换言之，当在 Java 语言中创建一个对象时，Java 虚拟机会按照父类——子类的顺序执行一系列的构造方法。子类继承父类时构造方法的调用规则如下：

（1）如果子类的构造方法中没有通过 super 显式调用父类的有参构造方法，也没有通过 this 显式调用自身的其他构造方法，则系统会默认先调用父类的无参构造方法。在这种情况下，是否写"super( );"语句，效果是一样的。

（2）如果子类的构造方法中通过 super 显式地调用了父类的有参构造方法，那么将执行父类相应的构造方法，而不执行父类无参构造方法。

（3）如果子类的构造方法中通过 this 显式地调用了自身的其他构造方法，在相应构造方法中遵循以上两条规则。

特别需要注意的是，如果存在多级继承关系，在创建一个子类对象时，以上规则会多次向更高一级父类传递，一直到执行顶级父类 Object 类的无参构造方法为止。

下面通过一个存在多级继承关系的示例，更深入地理解继承条件下构造方法的调用规则，即继承条件下创建子类对象时的系统执行过程。

⊃ 示例 4

请将人类作为父类，学生类继承人类，研究生类继承学生类。创建对象时调用不同的构造方法，观察输出结果。

关键代码：

```java
// 人类作为父类
class Person {
    String name;                    // 姓名
    public Person() {
        System.out.println("execute Person()");
    }
    public Person(String name) {
        this.name = name;
        System.out.println("execute Person(name)");
    }
}
// 学生类作为 Person 的子类
class Student extends Person {
    String school;        // 学校
    public Student() {
        System.out.println("execute Student() ");
    }
    public Student(String name, String school) {
        super(name);                // 显式调用父类有参构造方法，将不执行无参构造方法
        this.school = school;
        System.out.println("execute Student(name,school)");
    }
}
```

```
// 研究生类作为 Student 的子类
class PostGraduate extends Student {
    String guide;                    // 导师
    public PostGraduate() {
        System.out.println("execute PostGraduate()");
    }
    public PostGraduate(String name, String school, String guide) {
        super(name, school);
        this.guide = guide;
        System.out.println("execute PostGraduate(name, school, guide)");
    }
}
//main( ) 方法程序的入口
class Test{
    public static void main(String[] args) {
        PostGraduate pgdt = null;
        pgdt = new PostGraduate();
        System.out.println();
        pgdt = new PostGraduate(" 刘致同 "," 北京大学 "," 王老师 ");
    }
}
```

分析：

执行 "pgdt = new PostGraduate();" 后，共创建了 4 个对象。按照创建顺序，依次是 Object、Person、Student、PostGraduate 对象。在执行 Person() 时会调用它的直接父类 Object 的无参构造方法，该方法内容为空。

执行 "pgdt = new PostGraduate(" 刘致同 "," 北京大学 "," 王老师 ");" 后，也创建了 4 个对象，只是此次调用的构造方法不同，依次是 Object()、public Person(String name)、public Student(String name, String school)、public PostGraduate(String name, String school, String guide)。

输出结果如图 6.1 所示。

图 6.1 创建 PostGraduate 对象的输出结果

请读者思考一下运行以下 Java 程序将输出什么？

```
class A{
    public A(String color){
```

```
        //A 的构造方法
        System.out.println("form A");
    }
}
class B extends A{
    public B(){
        //B 的构造方法
        System.out.println("form B");
    }
}
public class Test{
    public static void main(String[] args) {
        B b = new B();
    }
}
```

输出结果如图 6.2 所示。

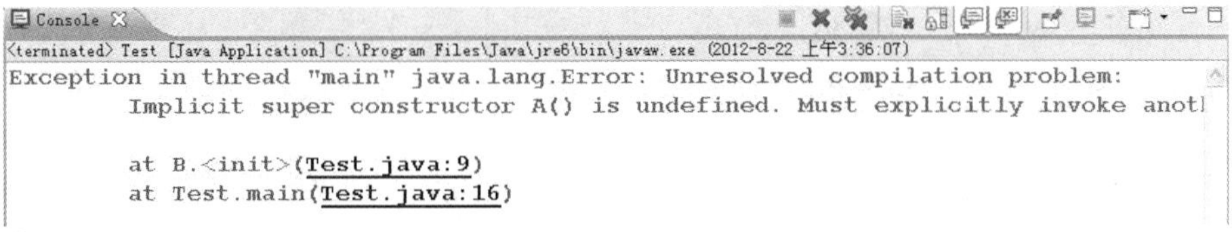

图 6.2　运行程序出错

为什么会出错呢？因为 B 的父类 A 缺少一个无参构造方法。在类没有提供任何构造方法时，系统会提供一个无参的方法体为空的默认构造方法。一旦提供了自定义构造方法，系统将不再提供这个默认构造方法。如果要使用它，程序员必须手动添加。

4．Object 类

Object 类是所有类的父类。在 Java 中，所有的 Java 类都直接或间接地继承了 java.lang.Object 类。Object 类是所有 Java 类的祖先。在定义一个类时，没有使用 extends 关键字，也就是没有显式地继承某个类，那么这个类直接继承 Object 类。所有对象都继承这个类的方法。

● 示例5

请编写代码，实现没有显式继承某类的类，Object 类是其直接父类。

关键代码：

```
public class Person{
    //……省略类的内部代码
}
// 两种写法是等价的
public class Person extends Object{
    //……省略类的内部代码
}
```

Object 类定义了大量的可被其他类继承的方法，在表 6-1 中列出的为 Object 类比较常用，也是被它的子类经常重写的方法。

表 6-1　Object 类的部分方法

方法	说明
toString()	返回当前对象本身的有关信息，返回字符串对象
equals()	比较两个对象是否是同一个对象，若是，返回 true
clone()	生成当前对象的一个副本，并返回
hashCode()	返回该对象的哈希代码值
getClass()	获取当前对象所属的类信息，返回 Class 对象

Object 类中的 equals() 方法用来比较两个对象是否是同一对象，若是，返回 true，而字符串对象的 equals() 方法用来比较两个字符串的值是否相等，java.lang.String 类重写了 Object 类中的 equals() 方法。

6.2.2　继承中的方法重写

在示例 3 中，PersonelDept 对象 pd 的输出内容是继承自父类 Department 的 printDetail() 方法的内容，所以不能显示 PersonelDept 的 count 信息，这显然不符合实际需求。

下面介绍如何使用方法重写输出来各部门的完整信息。

如果从父类继承的方法不能满足子类的需求，可以在子类中对父类的同名方法进行重写（覆盖），以符合需求。

➲ 示例 6

请在 PersonelDept 中重写父类的 printDetail( ) 方法。

关键代码：

```
// 父类为 Department
public class Department {
  //……省略父类的属性、setter/getter( ) 方法等代码 , 完整代码请参考示例 1
  public void printDetail() {
    System.out.println(" 部门 :" + this.name + "\n 经理：" + this.manager
        + "\n 部门职责："+this.responsibility+ "\n**************");
  }
}

// 以上为父类 Department 部分代码，以下为 "人事部" 类部分代码

public class PersonelDept extends Department {
  private int count;    // 本月计划招聘人数
  //……省略父类的属性、setter/getter( ) 方法等代码
```

```
  public void printDetail() {
    super.printDetail();
    System.out.println(" 本月计划招聘人数 :"+this.count+"\n");
  }
}
// 以上为父类与子类部分代码，以下为调用类部分代码

public static void main(String[] args){
  PersonelDept pd=new PersonelDept(" 人事部 "," 王经理 "," 负责公司的人才招聘和培训。",10);
  pd.printDetail();
}
```

输出结果如下所示：

部门 : 人事部

经理：王经理

部门职责：负责公司的人才招聘和培训。

****

本月计划招聘人数 :10

从输出结果可以看出，pd.printDetail() 调用的是相应子类的 printDetail() 方法，可以输出自身的 count 属性，符合需求，任务 2 到这里已基本实现。

在子类中可以根据需求对从父类继承的方法进行重新编写，这称为方法的重写或方法的覆盖（Overriding）。

方法重写必须满足如下要求。

➢ 重写方法和被重写方法必须具有相同的方法名。

➢ 重写方法和被重写方法必须具有相同的参数列表。

➢ 重写方法的返回值类型必须和被重写方法的返回值类型相同。

➢ 重写方法不能缩小被重写方法的访问权限。

请思考重载（Overloading）和重写（Overriding）有什么区别和联系？

➢ 重载涉及同一个类中的同名方法，要求方法名相同，参数列表不同，与返回值类型无关。

➢ 重写涉及的是子类和父类之间的同名方法，要求方法名相同、参数列表相同、返回值类型相同。

💬 **提示：**

在 MyEclipse 中调用 printDetail() 时，按 Ctrl+ 鼠标左键，即可追踪到方法的出处，查看重写前和重写后调用的 printDetail() 方法。

任务 3　输出医生给宠物看病的过程

关键步骤如下：

➢ 向上转型完成多态。

> ➤ 向下转型完成调用子类方法。
> ➤ 转型前使用 instanceof 判断。

6.3.1 实现多态的表现形式

Java 面向对象还有一个重要的特性：多态。

1．认识多态

多态一词的通常含义是指能够呈现出多种不同的形式或形态。而在程序设计的术语中，它意味着一个特定类型的变量可以引用不同类型的对象，并且能自动地调用引用的对象的方法，也就是根据作用到的不同对象类型，响应不同的操作。方法重写是实现多态的基础。通过下面这个例子可以简单认识什么是多态。

➲ 示例 7

有一个宠物类 Pet，它有几个子类，如 Bird（小鸟）、Dog（狗）等，其中宠物类定义了看病的方法 toHospital()，子类分别重写了看病的方法。请在 main() 方法中分别实例化各种具体的宠物，并调用看病的方法。

关键代码：

```java
//Pet 父类
class Pet {
    public void toHospital() {
        System.out.println(" 宠物看病 !");
    }
}
//Dog 子类继承 Pet 父类
class Dog extends Pet{
    public void toHospital () {
        System.out.println(" 狗狗看病 ");
    }
}
//Bird 子类继承 Pet 父类
class Bird extends Pet{
    public void toHospital () {
        System.out.println(" 小鸟看病 ");
    }
}
// 以上为 Pet 和其子类代码，以下为调用代码
public class Test {
    public static void main(String[] args) {
        Dog dog = new Dog();
        dog.toHospital();// 狗狗看病
        Bird bird = new Bird();
```

```
        bird.toHospital();// 小鸟看病
    }
}
```

输出结果如下所示：

狗狗看病

小鸟看病

也可以用示例 8 的代码实现相同功能。

⊃ 示例 8

请将示例 7 的实现方式进行修改。

关键代码：

```
public class Test {
    public static void main(String[] args) {
        Pet pet;
        pet=new Dog();
        pet.toHospital();// 狗狗看病
        pet=new Bird();
        pet.toHospital();// 小鸟看病
    }
}
```

示例 8 和示例 7 中两段 Test 类的代码运行效果完全一样。虽然示例 8 中测试类里定义的是 Pet 类，但实际执行时都是调用 Pet 子类的方法。示例 8 中的代码就体现了多态性。

多态意味着在一次方法调用中根据包含的对象的实际类型（即实际的子类对象）来决定应该调用哪个方法，而不是由用来存储对象引用的变量的类型决定的。当调用一个方法时，为了实现多态的操作，这个方法既要是在父类中声明过的，也必须是在子类中重写过的方法。

示例 8 中的 Pet 类一般声明为抽象类，因为其本身实例化没有任何意义，toHospital() 方法声明为抽象方法。本章后面的代码中 Pet 将都以抽象类存在，Pet 中的 toHospital() 方法都将以抽象方法存在，关于抽象类和抽象方法会在后续章节中讲解。

> **提示：**
> ①抽象类不能被实例化。
> ②子类如果不是抽象类，则必须重写抽象类中的全部抽象方法。
> ③ abstract 修饰符不能和 final 修饰符一起使用。
> ④ abstract 修饰的抽象方法没有方法体。
> ⑤ private 关键字不能用来修饰抽象方法。

2. 向上转型

子类向父类的转换称为向上转型。

向上转型的语法格式如下：

< **父类型** > < 引用变量名 > = new < **子类型** >();

之前介绍了基本数据类型之间的类型转换，举例如下。

（1）把 int 型常量或变量的值赋给 double 型变量，可以自动进行类型转换。

int i = 5;

double d1 = 5;

（2）把 double 型常量或变量的值赋给 int 型变量，必须进行强制类型转换。

double d2 = 3.14;

int a = (int)d2;

实际上在引用数据类型的子类和父类之间也存在着类型转换问题，如示例 8 中的代码。

```
//Pet 为抽象父类，Dog 为子类，Pet 中包含抽象方法 toHospital()
Pet pet = new Dog();    // 子类到父类的转换
// 会调用 Dog 类的 toHospital() 方法，而不是 Pet 类的 toHospital() 方法，体现了多态
pet.toHospital();
```

> **提示：**
>
> Pet 对象无法调用子类特有的方法。

由以上内容可总结出子类转换成父类时的规则：

➢ 将一个父类的引用指向一个子类对象称为向上转型，系统会自动进行类型转换。

➢ 此时通过父类引用变量调用的方法是子类覆盖或继承了父类的方法，不是父类的方法。

➢ 此时通过父类引用变量无法调用子类特有的方法。

3. 向下转型

前面已经提到，当向上转型发生后，将无法调用子类特有的方法。但是如果需要调用子类特有的方法，可以通过把父类转换为子类来实现。

将一个指向子类对象的父类引用赋给一个子类的引用，即将父类类型转换为子类类型，称为向下转型，此时必须进行强制类型转换。

如果 Dog 类中包含一个接飞盘的方法 catchingFlyDisc()，这个方法是子类特有的，下面的代码就会存在问题。

```
//Pet 为父类，Dog 为子类，Pet 中包含方法 toHospital()，不包含 catchingFlyDisc() 方法
Pet pet = new Dog();    // 子类到父类的转换
// 会调用 Dog 类的 toHospital() 方法，而不是 Pet 类的 toHospital() 方法，体现了多态
pet.toHospital();
pet.catchingFlyDisc();  // 无法调用子类特有的方法
```

可以这样理解，主人可以为任何宠物看病，但只能和狗狗玩接飞盘游戏。在没有断定宠物的确是狗狗时，主人不能与宠物玩接飞盘游戏。因为他需要的是一个宠物，但是没有明确要求是一只狗狗，所以很有可能他的宠物是一只小鸟，因此就不能确定

是否能玩接飞盘游戏。那么这里需要做的就是做一个强制类型转换，将父类转换为子类，然后才能调用子类特有的方法。

```
Dog dog=(Dog)pet;              // 将 pet 转换为 Dog 类型
dog.catchingFlyDisc();         // 执行 Dog 特有的方法
```

上述这种向下转型的操作对接口和抽象（普通）父类同样适用。

向下转型的语法：

< **子类型** >< 引用变量名 > = (< **子类型** >)< **父类型** 的引用变量 >;

4．instanceof 运算符

在向下转型的过程中，如果不是转换为真实子类类型，会出现类型转换异常。

```
//Pet 为父类，Dog 为子类，Bird 为子类
Pet pet = new Dog();     // 子类到父类的转换
pet.toHospital();        // 会调用 Dog 类的 toHospital() 方法
Bird bird=(Bird)pet;     // 将 pet 转换为 Bird 类会出错
```

在 Java 中提供了 instanceof 运算符来进行类型的判断。

⊃ 示例9

请判断宠物的类型。

关键代码：

```java
public class Test {
  public static void main(String[] args) {
    Pet pet = new Bird();
    //Pet pet = new Dog();
    pet.toHospital();
    if(pet instanceof Dog) {
      Dog dog = (Dog) pet;
      dog.catchingFlyDisc();        // 执行狗狗特有的方法，即接飞盘
    } else if(pet instanceof Bird) {
      Bird bird = (Bird) pet;
      bird.fly();                   // 执行小鸟特有的方法 , 即飞翔
    }
  }
}
```

使用 instanceof 时，对象的类型必须和 instanceof 后面的参数所指定的类有继承关系，否则会出现编译错误。例如，代码"pet instanceof String"，会出现编译错误。instanceof 通常和强制类型转换结合使用。至此，任务 3 结束。

6.3.2　多态的应用

从上面的例子不难发现，多态的优势非常突出：

➢　可替换性：多态对已存在的代码具有可替换性。

➢　可扩充性：多态对代码具有可扩充性。增加新的子类不影响已存在类的多态

性、继承性，以及其他特性的运行和操作。实际上新加子类更容易获得多态功能。

➤ 接口性：多态是父类向子类提供了一个共同接口，由子类来具体实现。

➤ 灵活性：多态在应用中体现了灵活多样的操作，提高了使用效率。

➤ 简化性：多态简化了应用软件的代码编写和修改过程，尤其在处理大量对象的运算和操作时，这个特点尤为突出和重要。

在多态的程序设计中，一般有以下两种主要的应用形式。

1. 使用父类作为方法的形参

使用父类作为方法的形参，是 Java 中实现和使用多态的主要方式。下面通过示例 10 进行演示。

⊃ 示例 10

假如狗、猫、鸭 3 种动物被一个主人领养，这个主人可以控制各种动物叫的行为，实现一个主人类，在该类中定义控制动物叫的方法，请实现此功能。

关键代码：

```java
// 主人类
class Host {
    public void letCry(Animal animal) {
        animal.cry();// 调用动物叫的方法
    }
}
// 以上为主人类代码，以下为调用代码
public class Test {
    public static void main(String[] args) {
        Host host=new Host();
        Animal animal;
        animal=new Dog();
        host.letCry(animal);          // 控制狗叫
        animal=new Cat();
        host.letCry(animal);          // 控制猫叫
        animal=new Duck();
        host.letCry(animal);          // 控制鸭叫
    }
}
```

在示例 10 的主人控制动物叫的方法中，并没有把动物的子类作为方法参数，而是使用 Animal 父类。当调用 letCry() 方法时，实际传入的参数是一个子类型的动物，最终调用的也是这个子类型动物的 cry() 方法。

2. 使用父类作为方法的返回值

使用父类作为方法的返回值，也是 Java 中实现和使用多态的主要方式。下面通过示例 11 进行演示。

⊃ 示例 11

假如这 3 种动物被一个主人领养，这个主人可以根据其他人的要求任意送出一只宠物。送出的动物可以叫，请实现此功能。

关键代码：

```java
// 主人类
class Host {
    // 赠送动物
    public Animal donateAnimal(String type) {
        Animal animal;
        if(type=="dog"){
            animal=new Dog();
        }
        else if(type=="cat"){
            animal=new Cat();
        }
        else{
            animal=new Duck();
        }
        return animal;
    }
}
// 以上为主人类代码，以下为调用代码

public class Test {
    public static void main(String[] args) {
        Host host=new Host();
        Animal animal;
        animal=host.donateAnimal("dog");
        animal.cry();        // 狗叫
        animal=host.donateAnimal("cat");
        animal.cry();        // 猫叫
    }
}
```

在上述代码中将父类 Animal 作为赠送动物方法的返回类型，而不是具体的子类，调用者仍然可以控制动物叫，动物叫的行为则由具体的动物类型决定。

本章总结

本章学习了以下知识点：

➤ 继承是 Java 中实现代码重用的重要手段之一。Java 中只支持单继承，即一个类只能有一个直接父类。Object 类是所有 Java 类的祖先。

➤ 在子类中可以根据实际需求对从父类继承的方法进行重新编写，称为方法的重写或覆盖。

> 子类中重写的方法和父类中被重写的方法必须具有相同的方法名、参数列表、返回值类型必须和被重写方法的返回值类型相同。

> 在实例化子类时，会首先执行其父类的构造方法，然后再执行子类的构造方法。

> 通过 super 关键字可以访问父类的成员。

> 通过多态可以减少类中的代码量，可以提高代码的可扩展性和可维护性。继承是多态的基础，没有继承就没有多态。

> 在多态的应用中，可以使用父类作为方法的形参，还可以作为方法的返回值。

> 把子类转换为父类称为向上转型，系统自动进行类型转换。把父类转换为子类，称为向下转型，必须进行强制类型转换。

> 向上转型后，通过父类引用变量调用的方法是子类覆盖或继承自父类的方法，通过父类引用变量无法调用子类特有的方法。

> 向下转型后可以访问子类特有的方法。向下转型必须转换为父类指向的真实子类类型，否则将出现类型转换异常 ClassCastException。

> instanceof 运算符用于判断一个对象是否属于一个类。

本章练习

1. 代码阅读：给定如下 Java 代码，编译运行后，输出结果是什么？请解释原因。

```java
class Base{
  public Base(){
    System.out.println( "Base");
  }
}
class Child extends Base{
  public Child(){
    System.out.println("Child");
  }
}
public class Sample{
  public static void main(String[] args){
    Child c=new Child();
  }
}
```

2. 设计 Bird（鸟）、Fish（鱼）类，都继承自 Animal（动物）类，实现其方法 printInfo()，输出信息。参考输出结果如图 6.3 所示。

3. 利用多态特性，编程创建一个手机类 Phones，定义打电话方法 call()。创建两个子类：苹果手机类 IPhone 和安卓手机类 APhone，并在各自类中重写方法 call()，编写程序入口 main() 方法，实现用两种手机打电话。再添加一个 Windows Phone 手机子类 WPhone，重写方法 call()，修改代码实现用该手机打电话。

图 6.3 练习 2 的参考输出结果

随手笔记

第7章

抽象类和接口

▶ 本章重点

※ 抽象类和抽象方法的用法
※ 接口的用法

▶ 本章目标

※ 抽象类和接口的使用场合
※ 面向对象设计原则

本章任务

学习本章，需要完成以下 1 个工作任务。请记录学习过程中所遇到的问题，可以通过自己的努力或访问 kgc.cn 解决。

任务：模拟实现"愤怒的小鸟"游戏

在"愤怒的小鸟"游戏中，当弹弓拉到极限以后，小鸟就飞出去进行攻击，每个小鸟的攻击方式不一样，分裂鸟会分裂，炸弹鸟会扔炸弹。小鸟的叫声也不一样，分裂鸟和火箭鸟飞出来的时候是"嗷嗷"叫，但是红色鸟和炸弹鸟飞出来以后是"喳喳"叫，胖子鸟出来时不叫。编写程序模拟各种鸟的行为。输出结果如图 7.1 所示。

图 7.1 愤怒的小鸟

任务　模拟实现"愤怒的小鸟"游戏

关键步骤如下：

- ➢ 定义鸟的抽象类。
- ➢ 将各种鸟中统一的行为定义为抽象类中的普通方法。
- ➢ 将各种鸟不同的行为定义为抽象类中的抽象方法。
- ➢ 实现具体的鸟类，重写抽象方法，实现各种鸟的不同行为。
- ➢ 将鸟叫的行为定义为接口。
- ➢ 继承接口实现各种具体的叫声。
- ➢ 将叫的行为作为抽象鸟类的一个属性。

7.1.1　初识抽象类和抽象方法

1. 区分普通方法和抽象方法

在 Java 中，当一个类的方法被 abstract 关键字修饰时，该方法称为抽象方法。抽象方法所在的类必须定义为抽象类。

当一个方法被定义为抽象方法后，意味着该方法不会有具体的实现，而是在抽象类的子类中通过方法重写进行实现。定义抽象方法的语法格式如下：

[访问修饰符] **abstract** < 返回类型 > < 方法名 >([参数列表]);

abstract 关键字表示该方法被定义为抽象方法。

普通方法和抽象方法相比，主要有下列两点区别：

➢　抽象方法需要用修饰符 abstract 修饰，普通方法不需要。

➢　普通方法有方法体，抽象方法没有方法体。

2. 区分普通类和抽象类

在 Java 中，当一个类被 abstract 关键字修饰时，该类称为抽象类。

定义抽象类的语法格式如下：

abstract class < 类名 >{

}

abstract 关键字表示该类被定义为抽象类。

普通类和抽象类相比，主要有下列两点区别：

➢　抽象类需要用修饰符 abstract 修饰，普通类不需要。

➢　普通类可以实例化，抽象类不能被实例化。

3. 定义一个抽象类

当一个类被定义为抽象类时，它可以包含各种类型的成员，包括属性、方法等，其中方法又可分为普通方法和抽象方法，如下面的抽象类结构示例。

```
public abstract class 类名称 {
  修饰符 abstract 返回类型 方法名 ();
  修饰符 返回类型 方法名 (){
    方法体
  }
}
```

> 🔄 **注意：**
>
> 　　抽象方法只能定义在抽象类中。但是抽象类中可以包含抽象方法，也可以包含普通方法，还可以包含普通类包含的一切成员。

7.1.2　使用抽象类描述抽象的事物

下面通过一个示例简单认识抽象类和抽象方法的用法。

有一个宠物类,宠物具体分为狗狗、企鹅等,实例化一个狗狗类、企鹅类是有意义的,而实例化一个宠物类则是不合理的。这里可以把宠物类定义为抽象类,避免宠物类被实例化。

⊃ 示例 1

定义一个抽象的宠物类。

关键代码:

```java
// 宠物抽象类,即狗狗类和企鹅类的父类
public  abstract class Pet {
  private String name = " 无名氏 ";          // 昵称
  private int health = 100;                 // 健康值
  private int love = 0;                     // 亲密度
  // 有参构造方法
  public Pet(String name) {
     this.name = name;
  }
  // 输出宠物信息
  public void print() {
    System.out.println(" 宠物的自白:\n 我的名字叫 " + this.name + ", 健康值是 " +
            this.health + ", 和主人的亲密度是 "+ this.love + "。");
  }
}

class Test {
  public static void main(String[] args) {
     Pet pet = new Pet(" 贝贝 ");        // 错误,抽象类不能被实例化
     pet.print();
  }
}
```

输出结果如图 7.2 所示。

图 7.2　抽象类不能被实例化

示例 1 的代码中,不可以直接实例化抽象类 Pet,但是它的子类是可以实例化的。如果子类中没有重写 print() 方法,子类将继承 Pet 类的该方法,但无法正确输出子类

信息。在 Java 中可以将 print() 方法定义为抽象方法，让子类重写该方法。示例 2 展示了如何定义一个抽象方法，并在子类中实现该方法。

➲ 示例 2

在抽象的宠物类中定义抽象方法。

关键代码：

```java
// 宠物抽象类，即狗狗类和企鹅类的父类
public abstract class Pet {
  private String name = " 无名氏 ";          // 昵称
  private int health = 100;                // 健康值
  private int love = 0;                    // 亲密度
  // 有参构造方法
  public Pet(String name) {
    this.name = name;
  }
  // 抽象方法，输出宠物信息
  public abstract void print();
}
```

子类关键代码：

```java
// 抽象宠物的子类，即狗狗类
public class Dog extends Pet {
  private String strain;       // 品种
  public Dog(String name, String strain) {
    super(name);
    this.strain = strain;
  }
  public String getStrain() {
    return strain;
  }
  // 重写父类的 print( ) 方法
  public void print(){
    System.out.println(" 我是一只 " + this.strain + "。");
  }
}
```

在示例 2 中，可以实例化 Dog 类得到子类对象，并通过子类对象调用子类中的 print() 方法，从而输出子类信息。

7.1.3　抽象类和抽象方法的优势

下面分析如何设计"愤怒的小鸟"游戏，从而体会使用抽象类和抽象方法的优势。

在手机游戏"愤怒的小鸟"中，有小鸟、猪、猴子等角色。以主角小鸟为例，当弹弓拉到极限以后，小鸟就飞出去进行攻击，即小鸟都有飞的行为，并且飞的行为也是一样的；同时发射出来的时候，小鸟都会叫，假设小鸟们的叫声也是一样的，也就

是小鸟们都有叫的行为，并且叫声是一样的。但是每个小鸟的攻击方式不一样，分裂鸟会分裂，炸弹鸟会扔炸弹，即每个鸟虽然都有攻击行为，但是攻击方式不同。

在设计这个游戏时，可以设计一个抽象类，即抽象的鸟类，这个抽象类有两个普通方法，一个是飞行，它的实现内容是"弹射飞"；另一个是叫，实现内容是"嗷"；还有一个抽象方法为攻击，由于它是抽象方法，所以它没有方法体。之后，将火箭鸟、分裂鸟设计为一个类，并继承鸟这个抽象类，如图 7.3 所示。

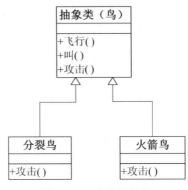

图 7.3　鸟的继承结构

鸟抽象类中的飞行方法和叫方法实现后，也就是火箭鸟、分裂鸟都可以直接使用鸟类的飞行方法和叫方法。但是由于攻击方法是抽象方法，也就是火箭鸟、分裂鸟需要实现自己的攻击方式。

可以看出，通过继承了抽象类（鸟），火箭鸟、分裂鸟等鸟类由于飞行行为一样，所以可以通过直接使用抽象类中的飞行方法，避免在自己的类中再次实现飞行方法，也就是飞行代码能够在任何一个鸟抽象类的子类中复用。同理，叫的方法也一样。同时，由于攻击方式不同，每一个鸟类都被要求必须实现自身的攻击行为，也体现了每个鸟类的个性。

总之，抽象类中已经实现的方法可以被其子类使用，使代码可以被复用；同时提供了抽象方法，保证了子类具有自身的独特性。

7.1.4　抽象类的局限性

在有些应用场合，仅仅使用抽象类和抽象方法会有一定的局限性。下面通过"愤怒的小鸟"游戏来进一步分析、认识这种局限性，并学会使用接口来改进设计。

"愤怒的小鸟"游戏中，分裂鸟和火箭鸟飞出来的时候是"嗷嗷"叫，但是红色鸟和炸弹鸟飞出来以后，却是"喳喳"叫，胖子鸟出来时干脆不叫，因此在类图中，小鸟的叫这个方法可能变成如图 7.4 所示的形式。

此时，使用抽象类就会出现以下问题：第一，叫的方法不再通用；第二，子类继承鸟抽象类之后，写出来的叫的方法可能会出现代码重复的情况，如红色鸟和炸弹鸟都是"喳喳"叫，这时候，就不再符合代码复用的要求。

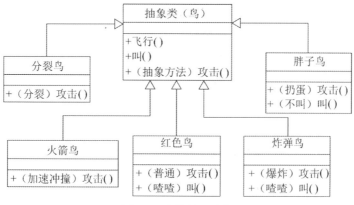

图 7.4 鸟的继承结构

叫的方法已经不再通用，最自然的想法就是将叫这个方法变为抽象方法，然后由其子类去实现，这样做虽然解决了第一个问题，但是会造成代码冗余的问题，如这里的分裂鸟和火箭鸟中的叫方法也会一样，也就是第二个问题更加突出。要解决上述问题，最理想的方式就是使用接口。

7.1.5 初识接口

1. 生活中的接口

在现实生活中，USB 接口（如图 7.5 所示）实际上是某些企业和组织制定的一种约定或标准，规定了接口的大小、形状等。按照该约定设计的各种设备，如 U 盘、USB 风扇、USB 键盘都可以插到 USB 接口上正常工作。USB 接口相关工作是按照如下步骤进行的：

（1）约定 USB 接口标准。

（2）制作符合 USB 接口约定的各种具体设备。

（3）把 USB 设备插到 USB 接口上进行工作。

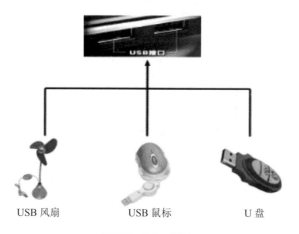

USB 风扇　　　　　USB 鼠标　　　　　U 盘

图 7.5　USB 接口

Java 中接口的作用和生活中的接口类似，它提供一种约定，使得实现接口的类（或结构）在形式上保持一致。

如果抽象类中所有的方法都是抽象方法，就可以使用 Java 提供的接口来表示。从这个角度来讲，接口可以看作是一种特殊的"抽象类"，但是采用与抽象类完全不同的语法来表示，两者的设计理念也不同。

2. 定义和实现一个简单的接口

简单地说，接口是一个不能实例化的类型。接口类型的定义类似于类的定义，语法格式如下：

```
public interface 接口名 {
    // 接口成员
}
```

➢ 和抽象类不同，定义接口使用 interface 修饰符，访问修饰符只能是 public，且可选。

➢ 接口成员可以是全局常量和公共的抽象方法。

与抽象类一样，使用接口也必须通过子类，子类通过 implements 关键字实现接口。实现接口的语法格式如下：

```
public 类名 implements 接口名 {
    实现方法
    普通方法
}
```

➢ 实现接口使用 implements 关键字。

➢ 实现接口的类必须实现接口中定义的所有抽象方法。接口的实现类允许包含普通方法。

⊃ 示例 3

定义和实现 USB 接口，进行数据传输。

关键代码：

```java
// 定义 USB 接口
public interface UsbInterface {
    // 数据传输抽象方法
    void service();
}
public class UDisk implements UsbInterface{
    public void service(){
        System.out.println(" 连接 USB 口，开始传输数据。");
    }
}
```

⊃ 示例 4

定义 USB 风扇类，实现 USB 接口，获得电流，让风扇转动。

关键代码：

```
public class UsbFan implements UsbInterface{
    public void service(){
        System.out.println(" 连接 USB 口，获得电流，风扇开始转动。");
    }
}
```

➲ 示例 5

编写测试类，实现 U 盘传输数据，实现 USB 风扇转动。

关键代码：

```
public class Test{
  public static void main(String[] args){
    //    (1)U 盘
    UsbInterface uDisk=new UDisk();
    uDisk.service();
    //    (2)USB 风扇
    UsbInterface usbFan= new UsbFan();
    usbFan.service();
  }
}
```

输出结果如图 7.6 所示。

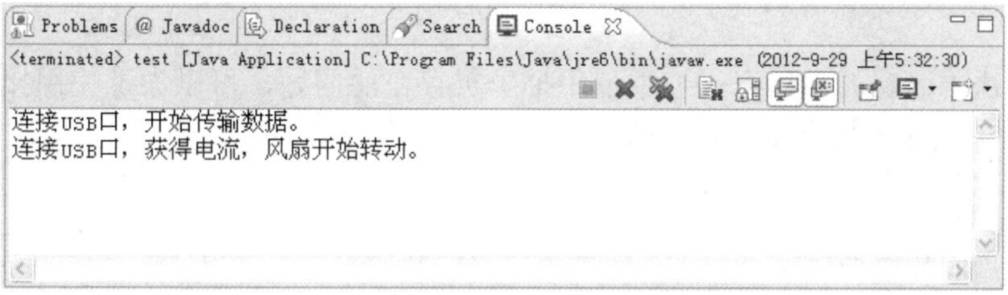

图 7.6　使用 U 盘传输数据

3. 更复杂的接口

接口本身也可以继承接口。

接口继承的语法格式如下：

```
[ 修饰符 ] interface 接口名 extends 父接口 1, 父接口 2,……{
  常量定义
  方法定义
}
```

一个普通类只能继承一个父类，但能同时实现多个接口，也可以同时继承抽象类和实现接口。

实现多个接口的语法格式如下：

```
class 类名 extends 父类名 implements 接口 1, 接口 2,……{
  类的成员
}
```

关于定义和实现接口，需要注意以下几个方面的内容：

- 接口和类、抽象类是一个层次的概念，命名规则相同。
- 修饰符如果是 public，则该接口在整个项目中可见。如果省略修饰符，该接口只在当前包中可见。
- 接口中可以定义常量，不能定义变量。接口中的属性都默认用"public static final"修饰，即接口中的属性都是全局静态常量。接口中的常量必须在定义时指定初始值，举例如下。

```
public static final int PI=3.14;
int PI=3.14;         // 在接口中，这两个定义语句的效果完全相同
int PI;              // 错误，在接口中定义时必须指定初始值，如果在类中定义会有默认值
```

- 接口中的所有方法都是抽象方法，接口中的方法都默认为 public。
- 和抽象类一样，接口同样不能实例化，接口中不能有构造方法。
- 接口之间可以通过 extends 实现继承关系，一个接口可以继承多个接口，但接口不能继承类。
- 类只能继承一个父类，但可以通过 implements 实现多个接口。一个类必须实现接口的全部方法，否则必须定义为抽象类。若一个类在继承父类的同时又实现了多个接口，extends 必须位于 implements 之前。

7.1.6　使用接口的优势

为解决"愤怒的小鸟"设计中使用抽象类存在的问题，可以尝试使用接口。首先定义一个鸟叫的接口，如示例 6 所示。

➲ 示例 6

定义鸟叫的接口。

关键代码：

```
public interface ShoutAbility{
    public void shout();// 鸟叫的抽象方法
}
```

接下来确定接口的实现类。最直接的想法就是让各个鸟类实现接口，但这样的做法还是会导致代码冗余。实际的做法是将各种鸟叫的方式作为接口的实现类。示例 7 定义了"嗷嗷"叫、"喳喳"叫两种叫的方式。

➲ 示例 7

定义类来描述"嗷嗷"叫、"喳喳"叫两种鸟叫的方式，并实现鸟叫的接口。

关键代码：

```
/* 嗷嗷叫 */
public class AoShout implements ShoutAbility{
    public void shout(){
        System.out.println(" 嗷 _ _");
    }
}
```

```java
/* 喳喳叫 */
public class ZhaShout implements ShoutAbility{
    public void shout(){
        System.out.println(" 喳喳！ ");
    }
}
```

然后，在鸟的抽象类中添加 shoutAbility 类型的属性，表示鸟叫的方试。

○ 示例 8

在鸟的抽象类中将接口作为属性，通过属性调用该接口的方法。

关键代码：

```java
public abstract class Bird{
    ShoutAbility shout_ability;                    // 鸟叫的方式
    // 鸟类的构造方法，用来初始化鸟叫的行为
        public Bird(ShoutAbility shout_ability){
        this.shout_ability=shout_ability;
    }
    // 叫
    public void shout(){
        shout_ability.shout();                      // 调用接口的方法
    }
    // 飞行
    public void fly(){
        System.out.println(" 弹射飞 ");
    }
    public abstract void attack();              // 攻击
}
// 炸弹鸟
public class BombBird extends Bird {
    public BombBird(ShoutAbility shout_Ability){
        super(shout_Ability);
    }
    // 重写攻击方法
    public void attack() {
        System.out.println(" 炸弹攻击！ ");
    }
}
// 分裂鸟
public class SplitBird extends Bird {
    public SplitBird(ShoutAbility shout_Ability){
        super(shout_Ability);
    }
    // 重写攻击方法
    public void attack() {
        System.out.println(" 分裂攻击！ ");
    }
}
```

```
    }
// 测试类
public class Test {
    public static void main(String[] args) {
        ShoutAbility ao_shout = new AoShout();            // 嗷嗷叫
        ShoutAbility zha_shout = new ZhaShout();          // 喳喳叫

        Bird bomb=new BombBird(zha_shout);                // 炸弹鸟喳喳叫
        Bird split = new SplitBird(ao_shout);             // 分裂鸟嗷叫
        bomb.shout();
        split.shout();
        //······省略其他代码
    }
}
```

输出结果如图 7.1 所示。

在示例 8 的代码中，抽象类 Bird 定义了 ShoutAbility 类型的属性，表示鸟叫的方式，并且在构造方法中对其初始化，在各个子类中调用父类的构造方法，实现对叫的方式的初始化。

7.1.7　面向对象设计的原则

在实际开发过程中，遵循以下原则，会让代码更具灵活性，更能适应变化。

1．摘取代码中变化的行为，形成接口

例如，在"愤怒的小鸟"游戏中，鸟叫的行为变化性很大，有的鸟叫，有的鸟不叫，各种鸟的叫声也不一样，这种行为最好定义为接口。

2．多用组合，少用继承

在"愤怒的小鸟"游戏中，通过在抽象鸟中包含鸟叫的属性实现组合，有效地减少了代码冗余。

3．针对接口编程，不依赖于具体实现

如果对一个类型有依赖，应该尽量依赖接口，尽量少依赖子类。因为子类一旦变化，代码变动的可能性大，而接口要稳定得多。在具体的代码实现中，体现在方法参数尽量使用接口，方法的返回值尽量使用接口，属性类型尽量使用接口等。

4．针对扩展开放，针对改变关闭

如果项目中的需求发生了变化，应该添加一个新的接口或者类，而不要去修改原有的代码。

需要说明的是，这 4 个面向对象的原则比较抽象，可以先记住它，然后在实际的面向对象开发中尝试应用这些原则，然后加深对这些原则的理解。

至此，本章的任务就完成了。本章主要介绍了抽象类和接口的用法。抽象类和接

口是 Java 中非常重要的概念，是实现多态的两种重要方式，是面向对象设计的基础。在开发中，灵活运用抽象类和接口进行程序设计，是程序员应该具备的重要技能之一。

本章总结

本章介绍了以下知识点：

➢ 抽象方法使用 abstract 修饰符，没有方法体。

➢ 抽象类使用 abstract 修饰符，不能实例化。

➢ 类只能继承一个父类，但可以实现多个接口。一个类要实现接口的全部方法，否则必须定义为抽象类。Java 通过实现多个接口达到多重继承的效果。

➢ 接口表示一种约定，也表示一种能力，体现了约定和实现相分离的原则。通过面向接口编程，可以降低代码间的耦合性，提高代码的可扩展性和可维护性。

本章练习

1. 代码分析与改错：请指出如下 Java 代码中存在的错误，并解释原因。注释掉错误语句后，程序输出结果是什么？请解释原因。

```java
abstract class Shape{                        // 几何图形
  public abstract double getArea();
}
class Square extends Shape{
  private double height=0;                    // 正方形的边长
  public Square(double height){
    this.height=height;
  }
  public double getArea(){
    return (this.height * this.height);
  }
}
class Circle extends Shape{
  private double r=0;                         // 圆的半径
  private final static double PI=3.14;        // 圆周率
  public Circle(double r){
    this.r=r;
  }
  public double getArea(){
    return (PI * r * r);
  }
}
class TestShape{
```

```
public static void main(String[] args){
    Shape square=new Square(3);
    Shape circle=new Circle(2);
    System.out.println(square.getArea());
    System.out.println(circle.getArea());
    Square sq=(Square) circle;
    System.out.println(sq.getArea());
    }
}
```

2. 设计鸟类Bird、鱼类Fish，都继承自抽象的动物类Animal，实现其抽象方法info( )，输出各自的信息。输出结果如图 7.7 所示。

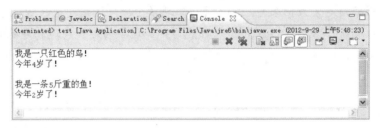

图 7.7　练习 2 输出结果

3．创建打印机类 Printer，定义抽象方法 print()。创建针式打印机类 DotMatrixtPrinter 和喷墨打印机类 InkpetPrinter 两个子类，并在各自类中重写 print() 方法，编写测试类实现两种打印机进行打印。再添加一个激光打印机子类 LaserPrinter，重写 print() 方法，修改测试类，实现该打印机打印。

4．实现显卡、声卡、网卡通过 PCI 插槽工作。

功能描述如下：

（1）PCI 接口，包含的方法是开始工作 start()，结束工作 stop()。

（2）显卡类，实现 PCI 接口。

（3）声卡类，实现 PCI 接口。

（4）网卡类，实现 PCI 接口。

（5）装配类，安装各种适配卡并让其开始工作、结束工作。

（6）请利用接口知识编写代码实现该需求并编写测试方法进行测试。

第8章

异常

▶ 本章重点

※ try-catch 块
※ try-catch-finally 块
※ 多重 catch 块

▶ 本章目标

※ throws 和 throw
※ 自定义异常

本章任务

学习本章，需要完成以下 1 个工作任务。请记录学习过程中所遇到的问题，可以通过自己的努力或访问 kgc.cn 解决。

任务：使用异常处理机制解决程序中的问题

异常处理机制已成为主流编程语言的必备功能，它使程序的异常处理代码和业务逻辑代码分离，保证了程序代码的优雅性，提高了程序的健壮性、安全性和可维护性。通过本任务了解 Java 异常处理机制的原理和用法。

任务 使用异常处理机制解决程序中的问题

关键步骤如下：

➢ 使用 try-catch 块处理异常。
➢ 使用 try-catch-finally 块处理异常。
➢ 使用多重 catch 块处理异常。
➢ 自定义异常。

8.1.1 异常概述

1. 认识异常

异常指在程序的运行过程中所发生的不正常事件，如所需文件找不到、网络连接不通或连接中断、算术运算出错（如被零除）、数组下标越界、装载一个不存在的类、对 null 对象操作、类型转换异常等。异常会中断正在运行的程序。

下面通过示例 1 认识程序中的异常。

➲ 示例 1

编写程序实现根据提示输入被除数和除数，计算并输出商，最后输出"感谢使用本程序！"信息。

关键代码：

```java
public class Test1 {
    public static void main(String[] args){
        Scanner in=new Scanner(System.in);
        System.out.print(" 请输入被除数 :");
        int num1=in.nextInt();
        System.out.print(" 请输入除数 :");
```

```
        int num2=in.nextInt();
        System.out.println(String.format("%d / %d=%d",num1,num2,num1/num2));
        System.out.println(" 感谢使用本程序！ ");
    }
}
```

代码分析：

在示例 1 的代码中，"String.format("%d / %d=%d", num1, num2, num1/num2);"使用了指定的格式字符串和参数返回一个格式化字符串，此处将 num1、mum2 和 num1/num2 都以整型的形式输出。

正常情况下，用户会按照系统的提示输入整数，除数不能为 0。

输出结果如图 8.1 所示。

图 8.1　正常情况下的输出结果

但是，如果用户没有按要求进行输入，如被除数输入了"B"，则程序运行时将会发生异常，输出结果如图 8.2 所示。

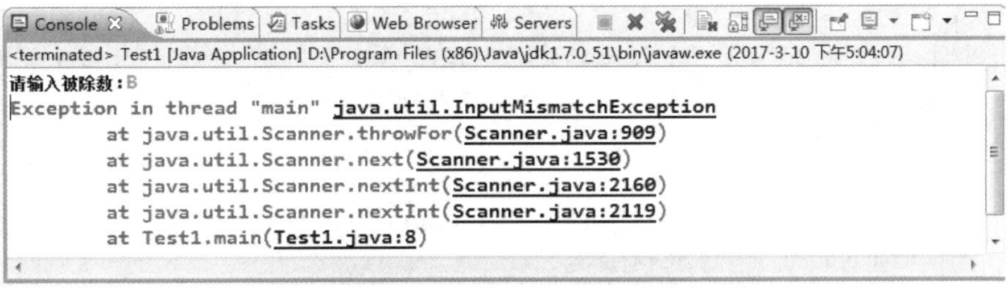

图 8.2　被除数为非整数情况下的输出结果

若除数输入了"0"，则程序运行时也将发生异常，输出结果如图 8.3 所示。

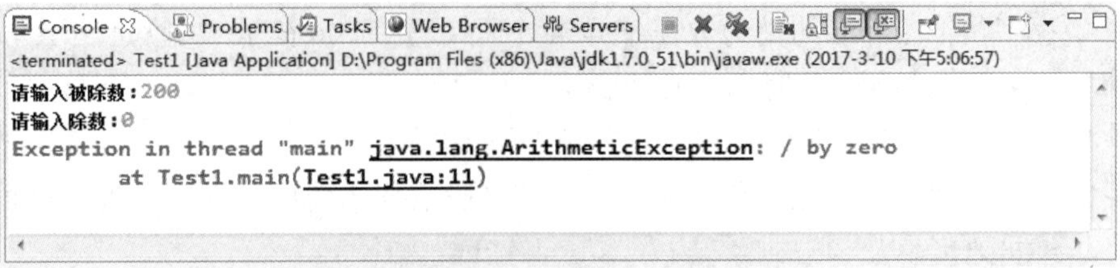

图 8.3　除数为 0 情况下的输出结果

从运行结果可以看出，一旦出现异常程序将会立刻结束，不仅计算和输出商的语句不会执行，就连输出"感谢使用本程序！"的语句也不会执行。可以通过增加 if-else 语句对各种异常情况进行判断处理，代码如示例 2 所示。

⊃ 示例 2

使用 if-else 语句处理示例 1 中的异常。

关键代码：

```java
import java.util.Scanner;
public class Test2{
  public static void main(String[] args){
    Scanner in=new Scanner(System.in);
    System.out.print(" 请输入被除数 :");
    int num1=0;
    if(in.hasNextInt()){              // 如果输入的被除数是整数
      num1=in.nextInt();
    }else{                            // 如果输入的被除数不是整数
      System.err.println(" 输入的被除数不是整数，程序退出。");
      System.exit(1);                 // 结束程序
    }
    System.out.print(" 请输入除数 :");
    int num2=0;
    if(in.hasNextInt()){              // 如果输入的除数是整数
      num2=in.nextInt();
      if(0==num2){                    // 如果输入的除数是 0
        System.err.println(" 输入的除数是 0，程序退出。");
        System.exit(1);
      }
    }else{                            // 如果输入的除数不是整数
      System.err.println(" 输入的除数不是整数，程序退出。");
      System.exit(1);
    }
    System.out.println(String.format("%d / %d=%d",num1,num2,num1/num2));
    System.out.println(" 感谢使用本程序！ ");
  }
}
```

通过 if-else 语句进行异常处理，有以下缺点：

➤ 代码臃肿，加入了大量的异常情况判断和处理代码。

➤ 程序员把相当多的精力放在了异常处理代码上，放在了"堵漏洞"上，占用了编写业务代码的时间，必然影响开发效率。

➤ 很难穷举所有的异常情况，程序仍旧不健壮。

➤ 异常处理代码和业务代码交织在一起，影响代码的可读性，加大日后程序的维护难度。

Java 提供了异常处理机制，可以由系统来处理程序在运行过程中可能出现的异常事件，使程序员有更多精力关注于业务代码的编写。

2. Java 异常体系结构

Java 中的异常有很多类型，异常在 Java 中被封装成了各种异常类，Java 的异常体系结构如图 8.4 所示。

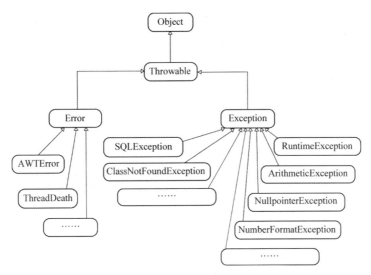

图 8.4　Java 的异常体系结构图

所有异常类型都是 Throwable 类的子类，它派生了两个子类：Error 类和 Exception 类。

（1）Error 类：表示仅靠程序本身无法恢复的严重错误，如内存溢出、动态链接失败、虚拟机错误。应用程序不应该抛出这种类型的错误（一般由虚拟机抛出）。假如出现这种错误，应尽力使程序安全退出。所以在进行程序设计时，应该更关注 Exception 类。

（2）Exception 类：由 Java 应用程序抛出和处理的非严重错误，如所需文件找不到、网络连接不通或连接中断、算术运算出错（如被零除）、数组下标越界、装载一个不存在的类、对 null 对象操作、类型转换异常等。它的各种不同的子类分别对应不同类型的异常。Exception 又可分为两大类异常：

➢ 运行时异常：包括 RuntimeException 及其所有子类。不要求程序必须对它们进行处理，如示例 1 中的算术异常 ArithmeticException。本章重点讲解的就是这类异常。

➢ Checked 异常（非运行时异常）：除了运行时异常外的其他从 Exception 继承来的异常类。

表 8-1 列出了一些常见的异常类及其用途，读者现阶段只需初步了解这些异常类型即可。在以后的编程中，可以根据系统报告的异常信息，分析异常类型来判断程序到底出现了什么问题。

表 8-1　常见的异常类型

异常	说明
Exception	异常层次结构的根类
ArithmeticException	算术错误异常，如以零作为除数

续表

异常	说明
ArrayIndexOutOfBoundsException	数组下标越界
NullPointerException	尝试访问 null 对象成员
ClassNotFoundException	不能加载所需的类
InputMismatchException	欲得到的数据类型与实际输入的类型不匹配
IllegalArgumentException	方法接收到非法参数
ClassCastException	对象强制类型转换出错
NumberFormatException	数字格式转换异常，如把"abc"转换成数字

8.1.2 Java 异常处理机制

1. 异常处理

异常处理机制就像人们对平时可能会遇到的意外情况，预先想好了一些处理的办法。在程序执行代码时，若发生了异常，程序会按照预定的处理办法对异常进行处理，异常处理完毕之后，程序继续运行。

Java 的异常处理是通过 5 个关键字来实现的，即 try、catch、finally、throw 和 throws。

2. 使用 try-catch 处理异常

Java 中提供了 try-catch 结构进行异常捕获和处理，把可能出现异常的代码放入 try 语句块中，并使用 catch 语句块捕获异常。

⊃ 示例 3

使用 try-catch 捕获并处理示例 1 中的异常。
关键代码：

```java
import java.util.Scanner;
public class Test3{
  public static void main(String[] args){
    try{
        Scanner in=new Scanner(System.in);
        System.out.print(" 请输入被除数 :");
        int num1=in.nextInt();
        System.out.print(" 请输入除数 :");
        int num2=in.nextInt();
        System.out.println(String.format("%d / %d=%d",num1,num2,num1/num2));
        System.out.println(" 感谢使用本程序！ ");
    } catch(Exception e){
```

```
        System.err.println(" 出现错误：被除数和除数必须是整数，"+" 除数不能为零。");
        e.printStackTrace();
    }
  }
}
```

try-catch 语句块的执行流程比较简单，首先执行的是 try 语句块中的语句，这时可能会出现以下 3 种情况：

（1）如果 try 语句块中所有语句正常执行完毕，没有发生异常，那么 catch 语句块中的所有语句都将会被忽略。当在控制台输入两个整数时，示例 3 中的 try 语句块中的代码将正常执行，不会执行 catch 语句块中的代码。输出结果如图 8.1 所示。

（2）如果 try 语句块在执行过程中发生异常，并且这个异常与 catch 语句块中声明的异常类型匹配，那么 try 语句块中剩下的代码都将被忽略，而相应的 catch 语句块将会被执行。匹配是指 catch 所处理的异常类型与所生成的异常类型完全一致或是它的父类。当在控制台提示输入被除数时输入了"B"，示例 3 中 try 语句块中的代码："int num1=in.nextInt( );"将抛出 InputMismatchException 异常。由于 InputMismatchException 是 Exception 的子类，程序将忽略 try 语句块中剩下的代码而去执行 catch 语句块。输出结果如图 8.5 所示。

图 8.5　被除数为非整数情况下的输出结果

如果输入的除数为 0，输出结果如图 8.6 所示。

图 8.6　除数为 0 情况下的输出结果

（3）如果 try 语句块在执行过程中发生异常，而抛出的异常在 catch 语句块中没有被声明，那么方法立刻退出。

如示例 3 所示，在 catch 语句块中可以加入用户自定义处理信息，也可以调用异常对象的方法输出异常信息，常用的方法如下：

➢ void printStackTrace()：输出异常的堆栈信息。堆栈信息包括程序运行到当前类的执行流程，它将输出从方法调用处到异常抛出处的方法调用序列。

➢ String getMessage()：返回异常信息描述字符串，该字符串描述了异常产生的原因，是 printStackTrace() 输出信息的一部分。

> **注意：**
>
> 如果 try 语句块在执行过程中发生异常，try 语句块中剩下的代码都将被忽略，系统会自动生成相应的异常对象，包括异常的类型、异常出现时程序的运行状态及对该异常的详细描述。如果这个异常对象与 catch 语句块中声明的异常类型匹配，会把该异常对象赋给 catch 后面的异常参数，相应的 catch 语句块将会被执行。

3. 使用 try-catch-finally 处理异常

如果希望示例 3 中不管是否发生异常，都执行输出"感谢使用本程序！"语句，就需要在 try-catch 语句块后加入 finally 语句块，把要执行输出的语句放入 finally 语句块中。无论是否发生异常，finally 语句块中的代码总能被执行，如示例 4 所示。

⊃ 示例 4

使用 try-catch-finally 捕获并处理示例 1 中的异常。

关键代码：

```java
import java.util.Scanner;
public class Test4{
    public static void main(String[] args){
        try{
            Scanner in=new Scanner(System.in);
            System.out.print(" 请输入被除数 :");
            int num1=in.nextInt();
            System.out.print(" 请输入除数 :");
            int num2=in.nextInt();
            System.out.println(String.format("%d / %d=%d",num1,num2,num1/num2));
        } catch(Exception e){
            System.err.println(" 出现错误：被除数和除数必须是整数，" +" 除数不能为零。");
            System.out.println(e.getMessage());
        } finally{
            System.out.println("/by zero");
            System.out.println(" 感谢使用本程序！  ");
        }
    }
}
```

try-catch-finally 语句块的执行流程大致分为如下两种情况：

（1）如果 try 语句块中所有语句正常执行完毕，finally 语句块也会被执行。例如，当在控制台输入两个数字时，示例 4 中的 try 语句块中的代码将正常执行，不会执行 catch 语句块中的代码，但是 finally 语句块中的代码将被执行。输出结果如图 8.1 所示。

（2）如果 try 语句块在执行过程中发生异常，无论这种异常能否被 catch 语句块捕获到，都将执行 finally 语句块中的代码。例如，当在控制台输入的除数为 0 时，示例 4 中的 try 语句块中将抛出异常，进入 catch 语句块，最后 finally 语句块中的代码也将被执行。输出结果如图 8.7 所示。

图 8.7　除数为 0 情况下的输出结果

try-catch-finally 结构中 try 语句块是必须存在的，catch、finally 语句块为可选，但两者至少出现其中之一。

需要特别注意的是，即使在 catch 语句块中存在 return 语句，finally 语句块中的语句也会执行。发生异常时的执行顺序是，先执行 catch 语句块中 return 之前的语句，再执行 finally 语句块中的语句，最后执行 catch 语句块中的 return 语句退出。

finally 语句块中语句不执行的唯一情况是在异常处理代码中执行了 System.exit(1) 退出 Java 虚拟机，如示例 5 所示。

> ● 示例 5

在 try-catch-finally 结构的 catch 语句块中执行 System.exit(1) 退出 Java 虚拟机。

关键代码：

```java
import java.util.Scanner;
public class Test5{
  public static void main(String[] args){
    try{
      Scanner in=new Scanner(System.in);
      System.out.print(" 请输入被除数 :");
      int num1=in.nextInt();
      System.out.print(" 请输入除数 :");
      int num2=in.nextInt();
      System.out.println(String.format("%d / %d=%d",num1,num2,num1/num2));
    } catch(Exception e){
      System.err.println(" 出现错误：被除数和除数必须是整数， " +" 除数不能为零 ");
      System.exit(1);      //finally 语句块不执行的唯一情况
      //return; //finally 语句块仍旧会执行
    } finally{
```

```
        System.out.println(" 感谢使用本程序！ ");
    }
  }
}
```

输出结果如图 8.8 所示。

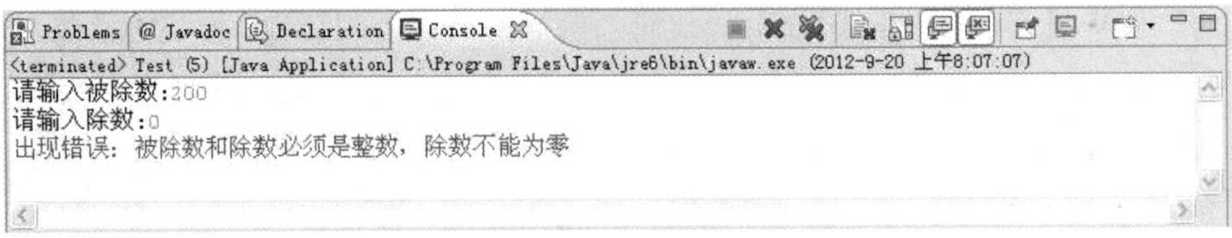

图 8.8　finally 中语句不执行的唯一情况

4.　使用多重 catch 处理异常

在计算并输出商的示例中，至少存在两种异常情况，输入非整数内容和除数为 0，在示例 4 中统一按照 Exception 类型捕获，其实可使用多重 catch 语句块分别捕获并处理对应异常。

一段代码可能会引发多种类型的异常，这时，可以在一个 try 语句块后面跟多个 catch 语句块分别处理不同的异常。但排列顺序必须是从子类到父类，最后一个一般都是 Exception 类。因为按照匹配原则，如果把父类异常放到前面，后面的 catch 语句块将不会被执行机会。

运行时，系统从上到下分别对每个 catch 语句块处理的异常类型进行检测，并执行第一个与异常类型匹配的 catch 语句。执行其中的一条 catch 语句之后，其后的 catch 语句将被忽略。

对示例 4 进行修改，代码如示例 6 所示。

◯ 示例 6

使用多重 catch 处理异常。

关键代码：

```java
import java.util.Scanner;
import java.util.InputMismatchException;
public class Test6{
  public static void main(String[] args){
    try{
      Scanner in=new Scanner(System.in);
      System.out.print(" 请输入被除数 :");
      int num1=in.nextInt();
      System.out.print(" 请输入除数 :");
      int num2=in.nextInt();
      System.out.println(String.format("%d / %d=%d", num1, num2, num1/ num2));
    } catch(InputMismatchException e){
      System.err.println(" 被除数和除数必须是整数。 ");
```

```
        } catch(ArithmeticException e){
            System.err.println(" 除数不能为零。");
        } catch (Exception e) {
            System.err.println(" 其他未知异常。");
        } finally{
            System.out.println(" 感谢使用本程序！");
        }
    }
}
```

　　程序运行后，如果输入的不是整数，系统会抛出 InputMismatchException 异常对象，因此进入第一个 catch 语句块，并执行其中的代码，而其后的 catch 语句块将被忽略。输出结果如图 8.9 所示。

图 8.9　进入第一个 catch 语句块

　　如果系统提示输入被除数时输入"200"，系统会接着提示输入除数，当输入"0"时，系统会抛出 ArithmeticException 异常对象，因此进入第二个 catch 语句块并执行其中的代码，其他的 catch 语句块将被忽略。输出结果如图 8.10 所示。

图 8.10　进入第二个 catch 语句块

> 提示：
>
> 　　在使用多重 catch 语句块时，catch 语句块的排列顺序必须是从子类到父类，最后一个一般都是 Exception 类。下面的代码片断是错误的。
>
> ```
> try{
>     Scanner in=new Scanner(System.in);
>     int totalTime=in.nextInt();
> } catch(Exception e1){
>     System.out.println(" 发生错误！");
> } catch(InputMismatchException e2){
>     System.out.println(" 必须输入数字！");
> }
> ```

5. 使用 throws 声明抛出异常

如果在一个方法体中抛出了异常，并希望调用者能够及时地捕获异常，Java 语言中通过关键字 throws 声明某个方法可能抛出的各种异常以通知调用者。throws 可以同时声明多个异常，之间由逗号隔开。

在下面的示例 7 中，把计算并输出商的任务封装在了 divide() 方法中，并在方法的参数列表后通过 throws 声明抛了异常，然后在 main() 方法中调用该方法，此时main() 方法就知道 divide() 方法中抛出了异常，可以采用如下两种方式进行处理：

➢ 通过 try-catch 捕获并处理异常。

➢ 通过 throws 继续声明异常。如果调用者不知道如何处理该异常，可以继续通过 throws 声明异常，让上一级调用者处理异常。main() 方法声明的异常将由Java 虚拟机来处理。

⊃ 示例 7

在 Java 程序中使用 throws 声明抛出异常。

关键代码：

```java
public class Test7{
  public static void main(String[] args){
    try{
      divide();
    } catch(InputMismatchException e){
      System.err.println(" 被除数和除数必须是整数。");
    } catch(ArithmeticException e){
      System.err.println(" 除数不能为零。");
    } catch (Exception e) {
      System.err.println(" 其他未知异常。");
    } finally{
      System.out.println(" 感谢使用本程序！ ");
    }
  }
  // 通过 throws 声明抛出异常
  public static void divide() throws Exception{
    Scanner in=new Scanner(System.in);
    System.out.print(" 请输入被除数 :");
    int num1=in.nextInt();
    System.out.print(" 请输入除数 :");
    int num2=in.nextInt();
    System.out.println(String.format("%d / %d=%d",num1,num2,num1/num2));
  }
}
```

6. 使用 throw 抛出异常

除了系统自动抛出异常外，在编程过程中，有些问题是系统无法自动发现并解决的，如年龄不在正常范围内，性别输入不是"男"或"女"等，此时需要程序员而不是系统来自行抛出异常，把问题提交给调用者去解决。

　　在 Java 语言中，可以使用 throw 关键字来自行抛出异常。在下面示例 8 的代码中抛出了一个异常，抛出异常的原因在于在当前环境无法解决参数问题，因此在方法内部通过 throw 抛出异常，把问题交给调用者去解决。

⊃ 示例 8

　　在 Java 程序中使用 throw 抛出异常。

　　关键代码：

```
public class Person{
    private String name="";                 // 姓名
    private int age=0;                       // 年龄
    private String sex=" 男 ";               // 性别
    // 设置性别
    public void setSex(String sex) throws Exception{
        if(" 男 ".equals(sex)||" 女 ".equals(sex))
            this.sex=sex;
        else{
            throw new Exception(" 性别必须是 \" 男 \" 或者 \" 女 \"！ ");
        }
    }
    // 输出基本信息
    public void print(){
        System.out.println(this.name+"("+this.sex+"，"+this.age+" 岁 )");
    }
}
public class Test8{
    public static void main(String[] args){
        Person person=new Person();
        try{
            person.setSex("Male");
            person.print();
        } catch(Exception e){
            e.printStackTrace();
        }
    }
}
```

　　输出结果如图 8.11 所示。

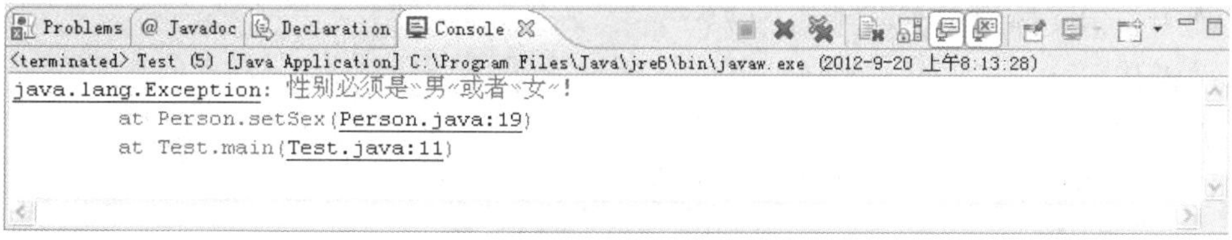

图 8.11　测试 throw 抛出异常

> **注意：**
>
> throw 和 throws 的区别如下。
>
> ①作用不同：throw 用于程序员自行产生并抛出异常，throws 用于声明该方法内抛出了异常。
>
> ②使用的位置不同：throw 位于方法体内部，可以作为单独语句使用；throws 必须跟在方法参数列表的后面，不能单独使用。
>
> ③内容不同：throw 抛出一个异常对象，只能是一个；throws 后面跟异常类，可以跟多个。

7. 自定义异常

当 JDK 中的异常类型不能满足程序的需要时，可以自定义异常类。使用自定义异常一般有如下几个步骤。

（1）定义异常类，并继承 Excepion 或者 RuntimeException。

（2）编写异常类的构造方法，并继承父类的实现，常见的构造方法有如下 4 种形式。

```
// 构造方法 1
public MyException() {
    super();
}
// 构造方法 2
public MyException(String message) {
    super(message);
}
// 构造方法 3
public MyException(String message, Throwable cause) {
    super(message, cause);
}
// 构造方法 4
public MyException(Throwable cause) {
    super(cause);
}
```

（3）实例化自定义异常对象，并在程序中使用 throw 抛出。

示例 9

使用自定义异常实现示例 8。

关键代码：

```
// 异常类
public class GenderException extends Exception {
    // 构造方法
}
```

```java
//Person 类相关代码
public void setSex(String sex) throws GenderException {
    if(" 男 ".equals(sex) || " 女 ".equals(sex))
        this.sex = sex;
    else {
        throw new GenderException(" 性别必须是 \" 男 \" 或者 \" 女 \"！ ");
    }
}
// 测试类
public static void main(String[] args) {
    Person person = new Person();
    try{
        person.setSex("Male");
        person.print();
    } catch (GenderException e) {
        e.printStackTrace();
    }
}
```

输出结果与示例 8 一致。

8. 异常链

在异常处理时有时会遇到如下情况：A 方法调用 B 方法 B 方法却抛出了异常。那么 A 方法是继续抛出原有的异常还是抛出一个新异常呢？若抛出原有的异常将是很糟糕的设计方法。因为 A 方法与 B 方法进行了关联，不便于代码的修改和扩展。若抛出新的异常，虽然解决了 A 方法和 B 方法的关联问题，但是原有的异常信息却会丢失。幸运的是，JDK 1.4 推出了异常链，正好解决这个问题。它虽然创建了新的异常，但却保留了原有异常的信息。

至此本章的任务就完成了。本章主要介绍了 Java 异常处理机制。异常处理机制已经成为主流编程语言的必备功能，它使程序的异常处理代码和业务逻辑代码分离，保证了程序代码的优雅性，提高了程序的健壮性、安全性和可维护性。在将来的开发中，能够对程序进行合理、及时地异常处理是对程序员的基本要求。

本章总结

本章介绍了以下知识点：

➤ 异常就是在程序的运行过程中所发生的异常事件。

➤ Java 的异常处理是通过 5 个关键字来实现的，即 try、catch、finally、throw 和 throws。

➤ 即使在 try 语句块、catch 语句块中存在 return 语句，finally 语句块中的语句也会执行。finally 语句块中语句不执行的唯一情况是：在异常处理代码中执行了 System.exit(1)。

➤ 可以在一个 try 语句块后面跟多个 catch 语句块，分别处理不同的异常。但排列顺序必须是从特殊异常到一般异常，最后一个一般都是 Exception 类。

➤ Java 语言中通过关键字 throws 声明某个方法可能抛出的各种异常以通知调用者。

➤ 在 Java 语言中，可以使用 throw 关键字来自行抛出异常。

➤ 自定义异常类一般需要继承 Excepion 或者 RuntimeException。

本章练习

1．编写一个能够产生空指针异常的程序，并将其捕获，在控制台输出异常信息。

2．编写程序接收用户输入的成绩信息，如果输入的成绩小于 0 或者大于 100，提示异常信息"请正确输入成绩信息"，如果输入的成绩在 0 ～ 100 之间，在控制台输出。请使用自定义异常实现。

第9章

综合练习——动物乐园

▶ **本章重点**

※ 实现"动物乐园"综合练习

▶ **本章目标**

※ 会使用面向对象思想设计程序结构
※ 会使用抽象类和接口
※ 会捕获程序异常

本章任务

学习本章，需要完成以下 1 个工作任务。请记录学习过程中所遇到的问题，可以通过自己的努力或访问 kgc.cn 解决。

任务：完成"动物乐园"综合练习

任务　完成"动物乐园"综合练习

9.1.1　项目需求

本次综合练习的任务是用面向对象思想设计动物乐园系统。

动物乐园中有猫、鸭等动物，还可能增加新动物。每种动物都有名称、叫声、腿的数量等属性，但每种动物的属性值又不尽相同，如猫的叫声是"喵喵喵"、鸭的叫声是"嘎嘎嘎"、海豚的叫声是"海豚音"。要求利用面向对象程序设计思想，画出类图结构并写出代码，显示 3 种动物的叫声及腿的数量，并且可以修改 3 种动物的名称和腿的数量，如果腿的数量不符合客观事实，要提示异常。

关键步骤如下：

（1）设计猫、鸭和海豚的类结构，设计抽象类及接口，画出类图。

（2）输出各种动物叫声以及腿的数量，输出结果如图 9.1 所示。

图 9.1　动物乐园输出结果

（3）设计数据修改功能并对"腿"数量进行异常校验，如果不符合事实，则抛出异常，运行结果如图 9.2 所示。

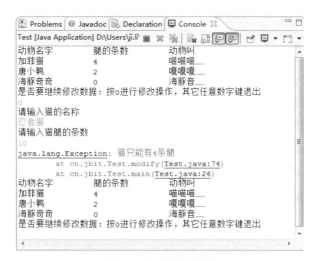

图 9.2　抛出异常效果

9.1.2　项目环境准备

完成"动物乐园"综合练习，对于开发环境的要求如下：

（1）开发工具：MyEclipse。

（2）JDK 7。

9.1.3　项目覆盖的技能点

1. 类和对象

➢　类和对象的关系。

➢　成员变量和局部变量。

➢　重载方法。

➢　构造方法及其重载。

➢　this 关键字的使用。

➢　static 关键字的使用。

2. 封装

➢　使用修饰符实现封装。

➢　使用 package 和 import。

3. 继承

➢　方法重写。

➢　super 关键字。

➢　继承条件下构造方法的执行。

4．多态

➤ 父类与子类之间的转换。

➤ 使用父类作为方法形参实现多态。

5．抽象类及接口

➤ 抽象类和抽象方法的使用。

➤ 接口的定义和使用。

6．异常

➤ 异常的捕获。

➤ 抛出异常。

9.1.4　难点分析

本项目是面向对象的综合应用，建议大家在做此项目之前，先画类图，认真分析每个类中的属性和方法。

具体的实现思路可以参考以下几点：

➤ 构造抽象类，提取 3 种动物共同的特点，即 3 种动物都有自己的名字，而且都有叫声。

➤ 分别定义 3 种动物的类，都继承于抽象类，而且都重写父类的方法分别实现不同的叫声。

➤ 并不是所有的动物都有腿，所以获取腿数量的方法可以单独定义在一个接口中，使有腿的动物实现此接口。

9.1.5　项目实现思路

1．设计猫和鸭的类结构，画出类图并写出代码

（1）根据任务描述，可以设计出猫类 Cat 和鸭类 Duck 两个类，均具有名字 name、腿的条数 legNum 属性，均具有 shout() 方法。类图如图 9.3 所示，在其中增加两个属性的 getter() 方法。

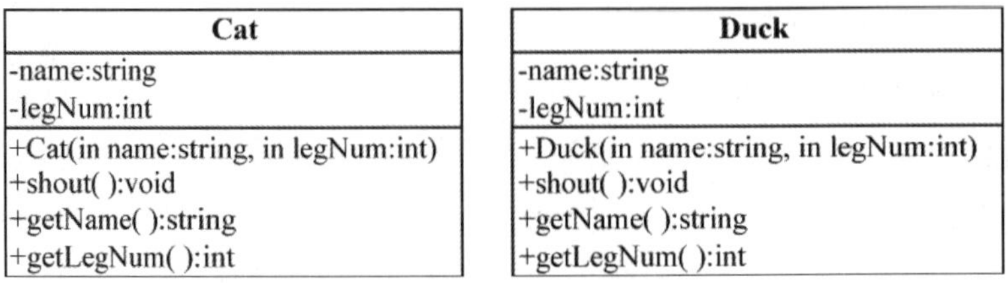

Cat
-name:string
-legNum:int
+Cat(in name:string, in legNum:int)
+shout( ):void
+getName( ):string
+getLegNum( ):int

Duck
-name:string
-legNum:int
+Duck(in name:string, in legNum:int)
+shout( ):void
+getName( ):string
+getLegNum( ):int

图 9.3　Cat 类和 Duck 类图 1

（2）观察图 9.3 所示的类图，发现 Cat、Duck 类均具有相同的属性名和方法名，可以提取出父类——Animal 类，进行代码重用，让 Cat、Duck 均继承 Animal 类。修改后的类图如图 9.4 所示。

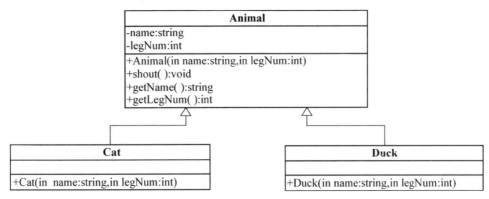

图 9.4　Cat 和 Duck 类图 2

（3）在图 9.4 中，通过继承实现了代码重用，但是 Animal 类不是一种具体的动物，创建 Animal 对象没有实际意义，另外 Animal 对象也无法真正地发出叫声，且子类必须重写 shout() 方法，所以可以把 Animal 类设计成抽象类，把 shout() 方法设计成抽象方法，修改后的类图如图 9.5 所示。

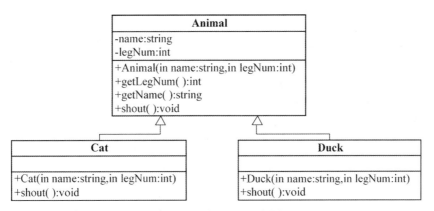

图 9.5　Cat 类和 Duck 类图 3

2．增加新成员海豚，重新设计类结构

（1）海豚没有腿，所以不能继承 Animal 类，但是海豚确实是一种动物，不继承 Animal 也不合适。只有对 Animal 类进行重新设计，去掉其中的 legNum 属性和 getLegNum() 方法，新的类图如图 9.6 所示。

（2）创建 Terrestrial 接口，声明 getLegNum() 方法，然后让 Cat 和 Duck 在继承 Animal 类的同时实现 Terrestrial 接口。类图如图 9.7 所示。

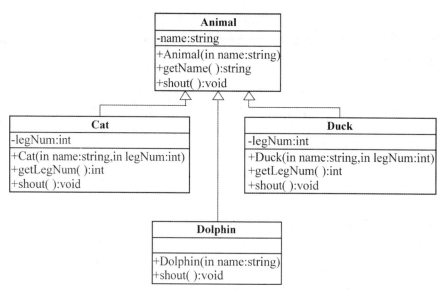

图 9.6 增加 Dolphin 类，重新设计 Animal 类

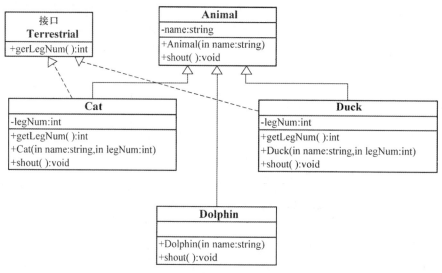

图 9.7 抽象出 Terrestrial 接口

3. 输出各种动物的叫声

创建 Animal 类型数组存放各种动物对象，利用多态实现。

Animal[] animals = new Animal[3];
animals[0]=new Cat(" 加菲猫 ", 4);
animals[1]=new Duck(" 唐小鸭 ", 2);
animals[2]=new Dolphin(" 海豚奇奇 ");

4. 输出各种动物腿的条数

数组中有 Dolphin 元素，但是海豚没有腿，输出时应判断各个对象的类型，可以使用 instanceof 运算符判断。

5. 设计数据修改功能并对"腿"数量进行异常校验

用户可创建新的 Cat、Duck、Dolphin 对象覆盖到当前数组中，并对腿的条数进行验证，可使用条件语句判断用户输入的数量，如果不符合客观条件，手动抛出异常，并使用 try-catch-finally 语句捕捉异常。

```
// 捕获方法抛出的异常
try {
  modify();// 调用自定义的方法
  ……
} catch (Exception e) {
  e.printStackTrace();
}
  ……
public static void modify() throws Exception{
  ……
  if( 错误条件 ){
    throw new Exception(" 错误信息 ");
  }
  ……
}
```

本章总结

本章介绍了以下知识点：
➢ 使用面向对象程序设计思想设计"动物乐园"类结构。

本章练习

独立完成"动物乐园"综合练习。

随手笔记